"十四五"高等职业教育计算机类专业新形态一体化系列教材

Web 前端开发基础

凌财进 曾 婷 吴 洲◎主 编
卢添进 闫忠鹏◎副主编

中国铁道出版社有限公司
CHINA RAILWAY PUBLISHING HOUSE CO., LTD.

内 容 简 介

本书为“十四五”高等职业教育计算机类专业新形态一体化系列教材之一，从Web前端工程师的实际岗位应用角度阐述了HTML 5和CSS 3的基础知识与新元素、响应式布局的新技能，设置了“广东红色文化”主题网站制作、电子商务网站、广东优秀传统文化项目综合实训等10个项目，将HTML 5和CSS 3的相关知识合理地安排到各个项目中。

全书采用项目贯穿、任务驱动、理论实践一体化的教学方法，在每个项目设置“项目导读→学习目标→知识准备→项目评价”等教学环节，同时提供了丰富的配套教学资源，配有微课视频，读者扫描书中二维码即可观看学习。

本书层次清晰、内容丰富、技术实用，代码遵循 Web 标准，适合作为高等职业院校计算机应用技术、计算机网络技术、电子信息技术等专业的 Web 前端开发、网页设计与制作等课程的教材，也可作为广大 Web 前端开发者或社会人士学习 Web 前端开发技术的参考书。

图书在版编目（CIP）数据

Web 前端开发基础 / 凌财进，曾婷，吴洲主编. -- 北京 : 中国铁道出版社有限公司，2025. 7. --（“十四五”高等职业教育计算机类专业新形态一体化系列教材）. ISBN 978-7-113-31985-4

Ⅰ. TP393.092.2

中国国家版本馆 CIP 数据核字第 2024YF8418 号

书　　名：Web 前端开发基础
作　　者：凌财进　曾　婷　吴　洲

策　　划：唐　旭　　　　　　　　编辑部电话：（010）63549508
责任编辑：陆慧萍　包　宁
封面设计：刘　颖
责任校对：苗　丹
责任印制：赵星辰

出版发行：中国铁道出版社有限公司（100054，北京市西城区右安门西街 8 号）
网　　址：https://www.tdpress.com/51eds
印　　刷：河北京平诚乾印刷有限公司
版　　次：2025 年 7 月第 1 版　2025 年 7 月第 1 次印刷
开　　本：787 mm×1 092 mm 1/16　印张：14.5　字数：371 千
书　　号：ISBN 978-7-113-31985-4
定　　价：49.80 元

前言

近年来，Web 前端技术呈现出迅猛的发展态势，其重要性在互联网领域日益凸显，已然成为构建卓越数字体验的核心驱动力之一。Web 前端技术指 HTML、CSS、JavaScript 以及这些技术衍生的各种技术、框架、解决方案，主要用于实现互联网产品的用户界面交互。在 Web 前端技术中，HTML 和 CSS 是最基础的知识，本书主要围绕 HTML 5 和 CSS 3 新技术的案例和实际应用项目进行编写。

本书以满足企业对 Web 前端工程师人才的岗位需求为核心设计原则，坚持“以就业为导向，以能力为本位”的教育指导思想，以提高与学习者现在或未来职业岗位需求相适应的前端技能为目标进行编写，从而实现对技术的准确定位，使课程设置与企业需求高度契合。

全书采用项目贯穿、任务驱动、理论实践一体化的教学方法，以真实项目为载体，以任务驱动贯穿整本书的知识点与技能点。将思政元素“无痕”融入项目的任务中，每个项目均设置了“价值引领”目标，旨在引导学生树立正确的世界观、人生观和价值观。全书共分 10 个项目，每个项目设置“项目导读→学习目标→知识准备→项目评价”等教学环节。其中，项目二至八以“广东红色文化”主题网站制作贯穿整个学习过程；项目九为响应式布局的制作；项目十为综合实训项目——广东优秀传统文化网站的制作。

项目一主要介绍前端开发的基础知识，包括网页相关知识、HTML 5 和 CSS 基础知识、代码编辑开发工具等。

项目二主要介绍 HTML 5 常用的标签和属性，包括文本控制标签、图像标签、列表标签、超链接标签、新增结构化标签等。

项目三、四主要介绍 CSS 3 的相关知识，包括 CSS 基础、CSS 相关属性、CSS 基础选择器和 CSS 3 高级选择器（如属性选择器、伪类选择器、伪元素等）。

项目五、六、七主要介绍静态页面制作的核心技术，包括盒子模型、DIV+CSS 网页布局、表格和表单等知识。

项目八主要介绍过渡、变动和动画等在网页中的使用技巧及常用的功能等知识。

项目九主要介绍 Flexbox 和 Grid 响应式布局开发的知识和内容。

项目十主要介绍综合实战项目，初学者可以模仿网站的设计与制作流程完成一个真实的综合实践项目，以帮助学生更好地掌握网站项目的开发流程和相关技巧。

视频

课程介绍

全书还配有丰富的教学资源。编者团队精心制作了微课视频、电子课件、授课计划、课程标准、模拟题及答案、素材和源代码等丰富的教学资源。读者通过扫描书中的二维码即可观看微课，也可以访问中国铁道出版社教育资源数字化平台（https://www.tdpress.com/51eds）进行下载。使用本书的师生还可以加入智慧职教平台的MOOC课程https://mooc.icve.com.cn/cms/courseDetails/index.htm?classId=f99175bff5754b90956e1b54d95e7a51，进行线上线下混合式教学。

本书得到全国高等院校计算机基础教育研究会计算机基础教育教学研究课题“《网页前端设计与制作》新形态一体化教材建设”（2023-AFCEC-018）项目的支持。在编写本书过程中，编者参阅了大量关于红色文化资源、中华优秀传统文化及人民网等公众平台公布的信息等相关资料，在此表示感谢！

尽管编者尽了最大的努力，但书中难免出现疏漏和不妥之处，衷心希望广大读者批评指正，编者将不胜感激（电子邮箱：lingcaijin@gdcmxy.edu.cn）。

编　者

2025年1月

目 录

项目一
Web 前端开发准备工作

项目导读

对于刚踏进大学校门的小丁来说，在“网上冲浪”是一件十分熟悉的事，打开浏览器的搜索引擎，输入关键字，海量的信息可随便浏览。可小丁的脑海里还有很多疑问：这些页面是怎么来的？怎么存放的？我能自己开发网站吗？本项目将通过制作一个 HTML 5 页面介绍前端开发的基本概念和基本原理，以及 HTML 5 页面的制作流程，使读者直观而清晰地看到一个完整的 HTML 5 页面是如何一步一步完成的。

学习目标

知识传递

- 掌握使用 HBuilder 新建项目、目录和文档
- 理解 HTML 标记的语法
- 掌握 HTML 文档的基本结构
- 熟悉 HTML 文件的编写方式及执行方式

能力培养

- 学会使用 HBuilder 软件创建项目 HTML 文档
- 学会使用 HBuilder 管理项目
- 能够书写规范的 HTML 页面

价值引领

- 厚植爱国主义情怀和民族自豪感

HBuilder 软件体现了我国在信息技术领域的自主创新能力。前端开发软件一直以国外开发工具为主导，HBuilder 的出现和发展打破了国外软件的垄断，彰显了我国科技实力的不断进步，从而激发学生的爱国主义情怀和民族自豪感。

- 践行科技创新驱动与民族复兴使命

HBuilder 集成开发软件在代码编辑、调试、运行等方面的高效性能，以及对多种编程语言和开发框架的支持，都体现了我国软件开发者在技术研发上的不懈努力和创新精神。推广使用 HBuilder 软件，有利于培养学生的自主可控意识，让学生认识到掌握核心技术对于国家信息安全和科技发展的重要性。

知识准备

一、基础概念

相信大部分读者都有“网上冲浪”的经历，打开计算机、手机或平台的浏览器，在地址栏中输入一个网站的地址后，浏览器中就会展示出网页内容，如图 1.1 所示。

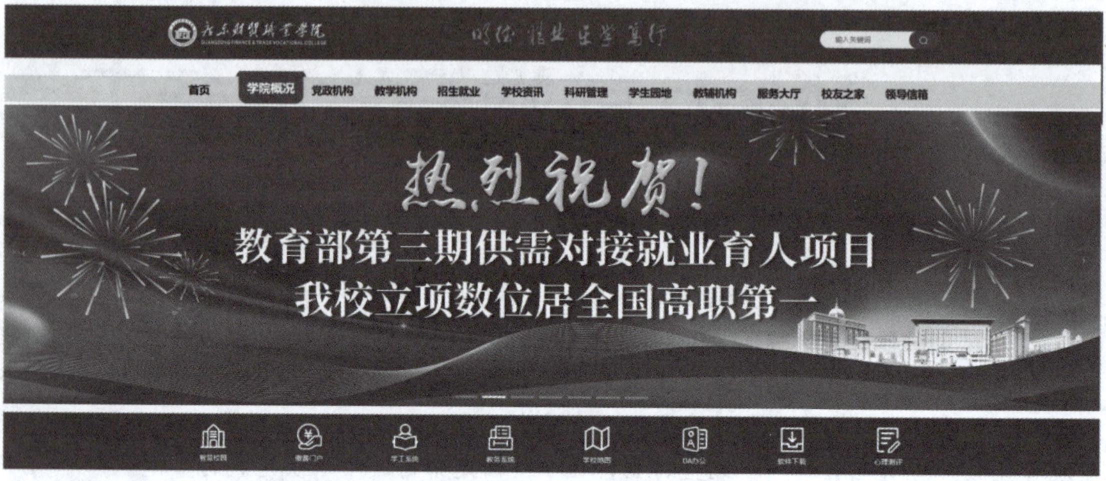

图 1.1　浏览器显示网页

网页中包含各种类型的内容，如文字、图片、动画、视频以及声音等形式的多媒体文件，它们都可以作为网页的元素。网页的作用是给访问者显示有价值的信息，并给访问者留下深刻的印象。

（一）从网页制作到前端开发

1. Web 1.0 时代的网页制作

网页制作是 Web 1.0 时代的产物，那个时候的网页主要是静态网页，所谓静态网页就是没有与用户进行交互，仅供用户浏览的网页，这个网络版本又称“只读网络”。在 Web 1.0 时代，用户通过超链接连接到系统的静态页面，不能像现在一样评论交流（缺乏交互性）。“网页三剑客——Dreamweaver+Fireworks+Flash”就是 Web 1.0 时代的产物。

2. Web 2.0 时代的前端开发

“前端开发”是从“网页制作”演变而来的。如果说 Web 1.0 是由少数人为更多的受众创造内容，那么 Web 2.0 就是许多人为不断增长的受众创造更多的内容。Web 1.0 专注于阅读，Web 2.0 专注于参与和贡献。从 2005 年开始，互联网进入 Web 2.0 时代，由单一的文字和图片组成的静态网页已经不能满足用户的需求，用户需要更好的体验。在 Web 2.0 时代，网页有静态网页和动态网页。所谓动态网页就是用户不仅可以浏览网页，还可以与服务器进行交互。例如，登录 QQ，要输入账号和密码，此时就需要服务器对账号和密码进行验证通过才行。Web 2.0 时代的网页不仅包含炫酷的动画、音频和视频，还可以让用户在网页中评论交流、上传和下载文件等（交互性）。移动互联网接入和社交网络的兴起促成了 Web 2.0 快速发展。

3. 什么是 Web 3.0？

万维网的发明者蒂姆·伯纳斯·李（Tim Berners Lee）最初将 Web 3.0 称为语义网，并设想了一个智能、自主和开放的互联网，它使用人工智能和机器学习充当“全球大脑”，并在概念上和上下文上处理内容。Web 3.0 是建立在由去中心化、开放性和更优秀的用户实用性等核心思想基础之上的。Web 1.0 是“只读 Web”，Web 2.0 是“参与式社交 Web”，Web 3.0 是“读、写、执行 Web”。Web 3.0 最终允许用户交互、交换信息和安全地进行金融交易，而无须集中授权或协调。这样，每个用户都成为内容所有者，而不仅仅是内容用户。目前，Web 3.0 还没有完全到位，但 Web 3.0 的元素在互联网体验中发挥重要作用，如 NFT、区块链、分布式账本和 AR 云。此外，Siri 和物联网也是 Web 3.0 技术，尽管目前有一些 Web 3.0 的元素可用，但要完全实现它还有一段路要走。

（二）前端技术

1. 前端开发最核心技术

网页主要由三部分组成，即结构、表现和行为。现在网页的新标准是 W3C，目前的模式是 HTML、CSS 和 JavaScript。

2. 前端开发其他技术

要成为一个真正的前端工程师，除掌握 HTML、CSS 和 JavaScript 技术外，还需要学习 HTML5、CSS3、Ajax、SEO 等技术。

（1）AJAX（asynchronous JavaScript and XML，异步 JavaScript 和 XML）是一种创建交互式网页应用的网页开发技术。

（2）SEO（search engine optimization，搜索引擎优化）是针对搜索引擎做的一种优化，通过优化网站内容与结构，提升其在百度、360 等搜索引擎中的排名，从而吸引更多目标用户访问的有效策略。它不仅能够精准触达潜在客户，增强品牌信任度，还比付费广告更具成本效益。为实现这一目标，需深入研究用户搜索关键词，优化网站内容与架构，提升网站性能，并建立高质量的外部链接。尽管 SEO 需要持续投入与优化，但其长期效果显著，能够为网站带来稳定的流量增长与潜在客户转化。

3. 后端技术

在掌握前端技术后，开发者能够构建静态网站。所谓静态网站，是指仅包含前端展示层而缺乏后端支持的网站架构。这类网站主要实现内容展示和基础交互功能，其用户可操作性相对有限。而网站后端技术（又称后台开发技术或动态网站技术）则是构建功能完备的 Web 应用的关键。要开发具备更优用户体验和更强大功能的网站系统，后端技术的深入学习和应用就显得尤为重要。

（1）JSP（Java server pages）是建立在 Servlet 规范之上的动态网页开发技术，在 JSP 文件中，HTML 代码与 Java 代码共同存在，它是在传统的网页 HTML 文件中插入 Java 程序段（Scriptlet）和 JSP 标记（tag），从而形成 JSP 文件。其中，HTML 代码用来实现网页中静态内容的显示，Java 代码用来实现网页中动态内容的显示，用 JSP 开发的 Web 应用是跨平台的，既可以在 Windows 操作系统下运行，也能在其他操作系统（如 Linux）上运行。

（2）PHP 是一种通用开源脚本语言。语法在自创的基础上借鉴了 C 语言、Java 和 Perl，利于学习，使用广泛，主要适用于 Web 开发领域。

（3）ASP.NET 的前身就是 ASP 技术，也是微软推出的新一代脚本语言。ASP.NET 基于 Web 开发平台，NET Framework 不仅吸收了以前版本 ASP 的最大优点，而且根据 Java 和 VB

的开发优势，增加了许多新的功能，修正了以前版本 ASP 的运行错误。

4. W3C 标准

HTML 的初衷是实现信息资料的网络传播和共享，希望 HTML 文档具有平台无关性，即同一 HTML 文档在不同系统、不同浏览器上看到同样的页面内容和效果。但随着浏览器市场的竞争越来越激烈，各大浏览器厂商为了吸引用户，都在早期 HTML 版本的基础上扩展了各类标签，导致 HTML 编码规则混乱，各浏览器之间互不兼容，违背了 HTML 发明的初衷，在这样的背景下，W3C（world wide web consortium，万维网联盟）诞生了，由该组织来制定和维护统一的国际化 Web 相关的各项标准，确保多个浏览器都兼容，因此由 W3C 组织制定和维护的 Web 开发标准又称 W3C 标准。统一规范的标准对于提高开发效率，尤其是团队开发，至关重要。

二、Web 标准的概念

网页主要由三部分组成，即结构（structure）、表现（presentation）和行为（behavior）。对应的标准也分为三类：结构化标准语言主要包括 XHTML 和 XML；表现标准语言主要为 CSS；行为标准主要包括对象模型 W3C DOM、ECMAScript 等。这些标准大部分由 W3C 起草和发布，也有一些是其他标准组织制定的标准，如 ECMA（European computer manufacturers association）的 ECMAScript 标准。

视频

认识网页与网站

（一）HTML 概述

HTML 诞生于 20 世纪 90 年代，1993 年 HTML 首次以因特网的形式发布。在使用 HTML 创建网页之前，需要了解一下创建网页的利器——HTML。严格地说，HTML 不是一种编程语言，而是一种描述性标记语言，是一门超文本标记语言（hypertext markup language），主要通过 HTML 标记元素对网页中的文本、图片、声音等内容进行描述。作为一种标记语言，HTML 本身不能显示在浏览器上，需经过浏览器的解析和编译后才能在浏览器上显示内容。

HTML 与平台和操作系统无关，只要客户端浏览器支持即可，HTML 文档是纯文本文件，所以可以用纯文本编辑器（如 Windows 自带的记事本、写字板）来编辑，HTML 文件的扩展名必须是 .html 或 .htm。

HTML 之所以被称为超文本标记语言，是因为网页中包含了“超链接”功能。超链接包括外部链接、页内链接、文字链接、网址链接和引用链接等，通过 URL 指针激活（单击）它，可使浏览器方便地获取新的网页。这也是 HTML 获得广泛应用的重要原因之一。网页的本质就是 HTML，通过结合使用其他 Web 技术（如脚本语言、组件等），可以制作出功能强大的网页。因而，HTML 是 Web 编程的基础，也就是说万维网是建立在超文本基础之上的。

（二）HTML 的发展历程

HTML 的出现由来已久，随着 HTML 的发展，W3C 掌握了对 HTML 规范的控制权，负责后续版本的制定工作。HTML 的发展大致经历了如下几个重要的历程：

（1）1993 年 6 月，互联网工程小组首次以因特网的形式发布了 HTML（第一版），由于当时有很多版本的 HTML，没有形成一个统一的标准，所以没有正式的 HTML 1.0。

（2）1995 年 11 月作为 RFC（request for comments，一系列以编号排定的文件）1866 发布 HTML 2.0，在 2000 年 6 月发布 RFC 2854 之后 RFC 1866 宣布失效。

（3）1996 年 1 月，由 W3C 组织发布 HTML 3.2，是 HTML 文档第一个被广泛使用的标准，由于该版本年代较早，很多东西都已经过时，在 2018 年 3 月被取消作为标准。

（4）1997 年 12 月，由 W3C 组织发布 HTML 4.0，是 HTML 文档另一个重要的、广泛使用的标准。

（5）1999 年 12 月，由 W3C 组织发布 HTML 4.01（微小改进），也是另一个被广泛使用的标准。

在经历了 HTML 的 4 个版本后，HTML 迫切需要添加新的功能，制定新规范。在 2004 年，一些浏览器厂商联合成立了 WHATWG（web hypertext application technology working group）。2006 年，W3C 组建了新的 HTML 工作组，采纳了 WHATWG 的意见，并于 2008 年发布了 HTML 5 的第一份正式草案。经过 8 年的艰辛努力，万维网联盟于 2014 年宣布，HTML 5 标准规范终于制定完成，并公开发布，HTML 5 被公认为下一代 Web 标准语言，目前已成为大多数网页技术的核心基础。它不仅引入了众多新元素和特性，还极大地扩展了网页的功能性，例如，支持动态图形渲染、图表绘制、动画效果，以及无须插件即可直接播放视频等。这些创新不仅丰富了 Web 应用的交互体验，也标志着互联网技术的重大进步

（三）HTML 5 的特点

HTML 5 是 2010 年正式推出的。在新的 HTML 5 语法中，部分 JavaScript 代码将被 HTML 5 的新属性替代，部分 <div> 标记的布局标签也将被 HTML 5 语义化的结构标签代替，这使网站的结构变得更加精练、简洁和清晰，让代码的开发者也更加一目了然地了解代码所要表达的意思。

目前，国外主流浏览器（如 Chrome、Safari、Firefox、Edge 和 Opera）均已全面支持 HTML 5，国内主流浏览器（如 360 浏览器、QQ 浏览器、UC 浏览器）也对其提供了良好兼容。在国内，百度、腾讯、阿里巴巴、字节跳动等企业同样广泛采用 HTML 5 技术，支撑其核心业务的前端开发。众多开发者已将 HTML 5 作为 Web 开发的首选技术标准，因其不仅能提供丰富的交互功能（如动态图形渲染、动画效果及无插件视频播放），还能显著提升跨平台兼容性和用户体验，进一步推动互联网技术的创新发展。

三、CSS 与 CSS 3：从基础到高级样式设计

（一）CSS 3 概述

CSS（cascading style sheet），中文名称“层叠样式表”，层叠是指当在 HTML 文档中引用多个定义样式的样式文件 (.CSS 文件) 时，若多个样式文件间所定义的样式发生冲突，将依据层次顺序处理。

更多人把 CSS 称为“样式表”，它是一种网页设计工具，主要用于设置 HTML 页面中的盒子模型、列表模块、超链接方式、语言模块、背景和边框、文字特效、多栏布局等外观显示样式。

CSS 以 HTML 为基础，W3C 创建 CSS 标准的目的是取代 HTML 表格式布局，用于控制页面的外观样式，实现网页内容与样式的分离，CSS 可以在不改变原有 HTML 结构的情况下，增加丰富的、方便样式效果，使页面控制更加精确，效果更加精美，样式的重复使用，便于团队开发和网站的后期维护。

（二）CSS 3 发展历史

在 HTML 迅猛发展的 20 世纪 90 年代，CSS 也以各种形式应运而生，1994 年维姆莱（Hakon

Wium Lie）为 HTML 样式提出了 CSS 的最初建议。

1. CSS 1.0

CSS 的第一个版本在 HTML 诞生几年后才出现，1996 年 12 月 W3C 发布了第一个有关样式的标准 CSS 1.0。包含了 font 的相关属性、颜色与背景的相关属性、文字的相关属性、box 的相关属性等。Microsoft 公司和 Netscape 公司纷纷表示自己的浏览器能够支持 CSS 1.0。

2. CSS 2/CSS 2.1

1998 年 W3C 发布了 CSS 2/CSS 2.1 版本，样式表得到了更多的充实，这也是至今流行最广并且主流浏览器都采用的标准。

3. CSS 3

早在 2001 年，W3C 就着手开始准备开发 CSS 第三版规范，CSS 3 规范被分为若干个相互独立的模块。虽然完整的、规范权威的 CSS 3 标准还没有尘埃落定，但是各主流浏览器已经开始支持其中的绝大部分特性。主流浏览器对 CSS 3 模块的支持情况见表 1.1。

表 1.1　主流浏览器对 CSS 3 模块支持情况

CSS 3 模块	Chrome 4	Safari 4	Firefox 3.6	Opera 10.5	IE 10
RGBA	√	√	√	√	√
HSLA	√	√	√	√	√
Multiple Background	√	√	√	√	√
Border Image	√	√	√	√	×
Border Radius	√	√	√	√	√
Box Shadow	√	√	√	√	√
Opacity	√	√	√	√	√
CSS Animations	√	√	×	×	√
CSS Columns	√	√	√	×	√
CSS Gradients	√	√	√	×	√
CSS Reflections	√	√	×	×	×
CSS Transforms	√	√	√	√	√
CSS Transforms 3D	√	√	×	×	√
CSS Transitions	√	√	√	√	√
CSS FontFace	√	√	√	√	√

（三）CSS 的优点

在 CSS 出现之前，虽然 HTML 为网页设计者提供了强大的格式设置功能，但必须在每个需要设置的地方使用格式设置标记，而不能为具有一定逻辑含义的内容设置统一的格式。这对设计和维护一个网页数量众多的网站来说，将增加许多工作量。此外，每个网页设计者按照自己的喜好设计制作网页，来自不同人员开发的网页作品很难统一在一个网络中。现在，运用 CSS 技术，可以克服 HTML 的这些缺陷，方便地为所有网页设置一种风格。通过将原本内嵌在 HTML 文档中的格式化元素和属性提取出来，集中定义在独立的外部样式表文件中，可以实现样式的统一管理和复用。这种分离式的设计使多个网页能够共享同一套样式规则，大大提升了开发效率和维护便利性。CSS（层叠样式表）作为网页格式化的标准技术，为字体、图片、边框、间距、定位以及列表等网页元素提供了丰富的样式属性。这些属性可以灵活地应用于各类 HTML 标记，从而实现精细化的页面呈现效果。CSS 具有如下显著优势：

1. 方便修改网页格式

由于 CSS 对页面格式的控制可以独立进行，这就使得修改网页元素的格式变得更加容易，网页的更新工作也就大为减轻。用户可以将站点上所有网页风格通过使用一个 CSS 文件进行控制，只要修改该 CSS 文件中相应的代码，那么整个站点的所有页面都会随之发生变动。

2. 减少网页体积

通过实现内容与表现的分离，将样式设计部分独立存储于外部 CSS 文件中，可有效降低网页文档的冗余代码量，能显著减少 HTML 文档的体积，避免样式代码的重复定义，提升浏览器解析和渲染效率，增强网页加载速度。

3. 良好的适应性

目前有些新的网页设计技术不断产生，但是现在的浏览器不一定百分之百支持这些技术，直接在 HTML 中使用时必须十分谨慎。而在 CSS 中使用则可以避免由于浏览器不支持这些新技术而出现的页面显示混乱的情况。当浏览器不支持这些规则时，系统会自动调用默认方式进行解释并显示。

四、开发工具

由于 HTML、CSS 都是纯文本脚本语言，因此在网页制作过程中，开发人员可以采用纯文本编辑器，为了开发方便，通常选择一些较便捷的工具，开发者可以根据自己的需要选择。本书中的案例全部使用 HBuilderX 实现。

（一）Dreamweaver 软件

Dreamweaver 是著名的网页设计软件，提供了很多界面操作的功能，对没有编写代码基础的初学者来说，该软件是最好的选择。

（二）HBuilderX

HBuilderX（简称 HX）是一款国产编辑器，与 ui-app 出自同一家公司，是轻量编辑器和强大 IDE 的完美结合，是 HBuilder 的升级版，其具有的优势是速度快、强大的代码提示和代码输入，提高了开发者的开发效率。HX 默认 30 s 保存一次，并且默认保存不会触发编译，只有手动保存（按【Ctrl+S】组合键）时才会触发编译。

（三）notepad++

notepad++ 是一款非常有特色的编辑器，是开源软件，可以免费使用。

（四）Visual Studio Code

Visual Studio Code（简称 VS code）是微软开发的一款轻量级、开源代码编辑器，可以使用其进行 HTML/CSS/JavaScript 的编辑与调试。

（五）Eclipse

Eclipse 是跨平台的自由集成开发环境（IDE），该软件有丰富的插件，通过这些插件，开发者可以非常方便地进行网页设计。

五、使用的浏览器

一个制作好的网页文件通过浏览器打开才能看到网页的呈现的效果，无论使用平板、手机或者计算机，都是通过 Web 浏览器访问网页的内容。目前主流浏览器都在积极响应 W3C 标准，并且当前大多数主流浏览器的新功能都是从 HTML 5 标准中发展而来的，本书用于调试的浏览器为谷歌公司的 Chrome 浏览器。

为了让读者能够更好地理解各家浏览器对 HTML 以及 CSS 标准的支持程度，在学习过程中本书也会介绍其他浏览器的显示效果。常用浏览器对 HTML 5 的支持情况见表 1.2。

表 1.2　常用浏览器对 HTML 5 的支持情况

名　称	版　本	图　标	HTML 5
Chrome	最新	谷歌浏览器	支持
Firefox	4.0 版本以上	火狐浏览器	支持
Safari	5 版本以上	Safari 浏览器	支持
IE	9.0 以上	IE 浏览器	支持
Opera	所有版本	Opera 浏览器	支持

六、HTML 标记和元素

（一）标记

HTML 标签（通常称为 HTML 标记）是构成 HTML 文档的基本元素。从语法结构来看，HTML 标签由一对尖括号“<>”包裹特定字符组成，如 <html>、<head>、<body> 等。这些标签中的字符定义了具体的文档结构和功能，经浏览器解析后即可呈现开发者预期的页面效果。

在 HTML 文档中，所有包含在“<>”内的内容都被视为 HTML 标记 / 标签。根据语法特征，HTML 标记可分为以下几种类型：

1. 双标记

由“起始标签”和“结束标签”组成的一对标签，用“起始标签”告诉 Web 浏览器从此处开始执行该标签，而“结束标签”告诉 Web 浏览器在这里结束该功能，其语法格式如下：

```
<标记名>内容</标记名>
```

2. 单标记

有些标签只需要单独使用即可完整表达某个功能，其语法格式如下：

```
<标记名 />
```

最常用的单标记是
，表示换行，如下表示：

```
<br/>
```

提示： 按照 XTML 的代码编写，所有标记都必须闭合，在 XHTML 中，单标记需要在尖括号前面添加“/”表示闭合，如
应该写成
。HTML 并没有这样的规定，但是参照 XTML 标准来写，代码会更加规范。

3. 标记的属性

标记通常都有属性，属性的存在可以使网页的表现形式更加丰富（如字体颜色、字号、文本位置、字体）。在 HTML 文档中，每个标记的属性都不一样，但全局属性适合几乎所有的 HTML 标记（个别声明除外）。

```
<标记名 属性1="属性值1" 属性2="属性值2" …> 内容 </标记名>
```

4. 注释标记

在 HTML 中还有一种特殊的标记——注释标记。如果需要在 HTML 文档中添加一些便于阅读和理解但又不需要显示在页面中的注释文字，就需要使用注释标记。其基本语法格式如下：

```
<!-- 注释语句 -->
```

语法说明：

注释语句由前后两部分组成，前半部分由一个左尖括号、一个感叹号和两个连接字符组成（<!--），后半部分由两个连接字符和右尖括号组成（-->）。包含在“<!--”和“-->”中的任何文字都会被当作注释，注释文字不会显示到浏览器界面中。

（二）元素

“HTML 标签”和“HTML 元素”通常都是描述同样的意思，从开始标签到结束标签的所有代码，就是 HTML 元素。它是构成网页的基本单位，其基本语法格式如下：

```
<h1 aligh="center">这个标题1会居中</h1>
```

语法说明：

这是一个 HTML 对齐元素，其效果是让文字“这个标题 1 会居中”在网页上居中对齐，大多数 HTML 元素可以嵌套使用。

（三）HTML 5 文档结构

完整的 HTML 结构包括头部、主体等，页面的各部分内容都在对应的标签中。一个 HTML 文件的基本结构示例如下：

```
<!DOCTYPE html>                          <!-- 文档类型说明 -->
<html>                                   <!-- 文件开始标签 -->
    <head>                               <!-- 文档头部开始标签 -->
        <meta charset="utf-8">           <!-- 字符集 -->
        <title>标题</title>              <!-- 文档标题标签 -->
    </head>                              <!-- 文档头部结束标签 -->
    <body>                               <!-- 文档的主体 -->
    </body>                              <!-- 主体结束标签 -->
</html>                                  <!-- 文件结束标签 -->
```

1. <!DOCTYPE> 声明

<!DOCTYPE> 声明必须位于 HTML 文档中的第一行，处于<HTML>标签之前，它不属于

HTML 标签，是一条指令，告诉浏览器编写页面所用标签的版本。HTML 5 只有一种 doctype 声明，在 HTML 5 中需要如下简单的代码：

```
<!DOCTYPE HTML>
```

提示：<!DOCTYPE> 没有结束标签，对大小写不敏感。

2. <HTML> 标签

<HTML> 标签位于 <!DOCTYPE> 标签之后，是 HTML 文档中最外层的标签，又称根标签，结束标签为 </HTML>。

3. 文档头部 <head> 标签

HTML 文档头部 <head> 标签，一个 HTML 文档最多只有一对 <head> 和 </head> 标记，<head> 和 </head> 标记之间可以插入样式文件（CSS）、脚本（script）、网页元信息、网页标题等。例如，可以嵌套 <title></title>、<style></style>、<script></script>、<meta>、<link>、<base> 等标签。

4. 标题 <title> 标签

设置网页标题，一个 HTML 文档只能有一对 <title></title> 标记，其基本语法格式如下：

```
<title>网页标题内容</title>
```

5. 元信息 <meta> 标签

<meta/> 标记用于定义页面的元信息，可重复出现在 <head> 头部标记中，在 HTML 中是一个单标记。其基本语法格式如下：

```
<meta name="名称" content="页面设置说明">
```

6. 链接 <link> 标签

<link> 标签用于指明与当前文档有关联的外部资源，<link> 标签只能出现在 <head> 标签中，一个页面允许使用多个 <link> 标记引用多个外部文件，其基本语法格式如下：

```
<link 属性="属性值">
```

<link> 标签链接外部 CSS 文件，示例如下：

```
<link href="css/index5.css" rel="stylesheet" type="text/css"/>
```

语法说明：

由于 <link> 标签多用于 CSS 样式表应用中，因此该标签将会在 CSS 部分进行详细介绍。

7. <style> 标签

<style> 标签通常用于为 HTML 文档定义样式信息，在 <style> 标签中可以指定 HTML 标签在浏览器中的呈现方式，<style> 标签通常放在 <head> 标签中，也可以放置在其他位置，其基本语法格式如下：

```
<style type="text/CSS">
</style>
```

语法说明：

上面的语法中定义了样式，样式表的定义代码必须包含在 <style></style> 标签中，关于 <style> 标签的详细说明将会在项目三中介绍。

8. <body> 标签

<body> 称为主体标记，网页显示的标记内容嵌套在该标记内，如 <p></p>、<hr>、<table></table> 等标记，在 HTML 5 中，其基本语法格式如下：

```
<body bgcolor="color">
     <h1>标题1</h1>
     <p>段落1</p>
     …
</body>
```

语法说明：

上面的语法中，<body> 为页面主体标签，bgcolor 的属性值 “color” 可以是一个已命名的颜色（表示颜色的英语单词，如 red、blue 等），也可以是一个十六进制的颜色值或者是一个 RGB 的颜色。应用示例如下：

```
<body bgcolor="gray">
     背景颜色为灰色
</body>
```

代码说明：

以上代码中，通过 <body> 标签的 bgcolor 属性来设置页面的背景颜色，背景颜色被设置为 “gray”（灰色）。

9. <hr/> 标签

<hr> 标签用于创建一条水平线。它在不同浏览器中显示效果会略有不同。该标签不需要结束标签。其基本语法格式如下：

```
<hr 属性="属性值1",属性="属性值2"…>
```

或者

```
<hr/ >
```

代码说明：

该标记可以写成 <hr> 或者 <hr/>，为了使代码更加规范，建议使用后者。水平线还提供了若干属性来进行设置，具体属性见表 1.3。

表 1.3 <hr/> 标签的属性

属 性 名	常用属性值	描 述
align	可选择 left、right、center 三个值，默认值 center，居中对齐	设置水平线的对齐方式
size	以像素为单位，默认值为 2 像素	设置水平线的粗细
color	设置水平线的颜色	可用颜色名称、十六进制 #RGB、rgb(r,g,b)
width	设置水平线的宽度	可以是确定的像素值，也可以是浏览器窗口的百分比，默认值为 100%

任务一 创建网站项目及站点管理

任务描述

小丁打算用 HBuilderX 开发工具进行网站项目开发与站点管理，在软件上创建一个称为“自我介绍”的项目，并对项目进行站点管理。

任务展示

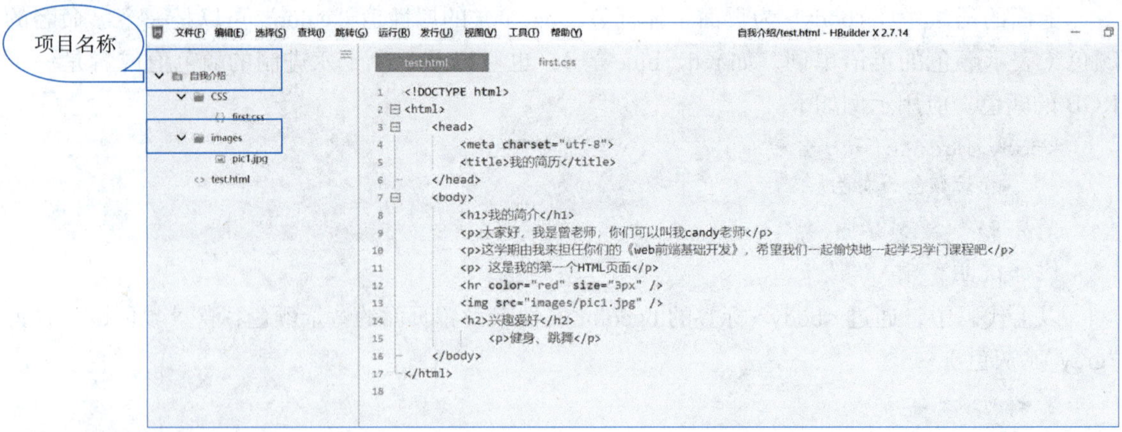

任务实施

1.【安装 HBuilderX】下载直接解压到本地 PC，熟悉其界面，包括菜单栏、工具栏、编辑区等。

2.【创建新项目】通过选择“文件”→“新建”→“项目”命令创建一个新的 Web 项目。

3.【新建组织文件夹】在顶级文件夹中，通过选择“新建”→“目录”命令创建一个新的文件夹。

技巧与提高

HTML 文件：通常将所有 HTML 文件放在一个名为 html 或 pages 的文件夹中。

CSS 样式表：将 CSS 文件放在 css 文件夹中，可以进一步细分为组件样式、布局样式等子文件夹。

JavaScript 文件：将 JavaScript 文件放在 js 文件夹中，可以按照功能模块或页面进一步划分子文件夹。

图片资源：将所有图片资源放在 images 文件夹中，可以按类型或用途进一步分类。

字体文件：如果有自定义字体，可以放在 fonts 文件夹中。

第三方库：如果项目中使用了第三方库或框架，可以创建一个 lib 或 vendors 文件夹来存放这些文件。

任务二 创建第1个HTML页面

视频

使用HTML 5
制作第一个
页面

任务描述

小丁正在学习网站设计与开发，在新生班会上每个同学都要做自我介绍，他决定设计一个“自我介绍”的页面展示自己。

任务展示

任务实施

1. 【安装 HBuilderX】，通过选择“文件”→“新建”→“html 文件”命令创建一个新的 HTML 页面，在 <body></body> 标记中添加标题标记 <h1></h1>、段落标记 <p></p>、图像标记 <img/>、水平线 <hr/> 等。

2. 【新建图像文件夹】在顶级文件夹中，通过选择“新建”→“目录”命令创建一个名称为 images 的文件夹，存放项目中的所有图片。

3. 【新建 CSS 文件夹】在顶级文件夹中，通过选择“新建”→“目录”命令创建一个名称为 CSS 的文件夹，存放项目中的所有 CSS 文件。

任务二详细代码如下：

```
<!DOCTYPE html>
<html>
    <head>
        <meta charset="utf-8">
        <title>自我介绍</title>
    </head>
    <body>
        <h1>欢迎来到我的个人网站</h1>
        <p>大家好，我是小丁，英文名Leo,来自广州。</p>
        <p>这里是我的自我介绍页面，了解更多关于我的信息。</p>
        <h2>关于我</h2>
        <p>这里是我的个人简介，包括我的教育背景、工作经验以及个人技能等。</p>
        <hr color="red" size="3px" />
        <img src="images/p2.png"  width="400px" height="350px"/>
        <h3>兴趣爱好</h3>
            <p>健身、旅行</p>
                <hr color="red" size="3px" />
                <footer>
            <p>版权所有 &copy; 2024 我的个人网站</p>
        </footer>
    </body>
</html>
```

提示：水平线标记 <hr> 提供了若干属性进行设置，HTML 4 仍然支持使用，但这些属性已经被 HTML 5 放弃，设置水平线标记属性可以参考 CSS 的写法。

技巧与提高

HTML 5 语法特点如下：

• 标签不区分大小写，<em></Em> 都合法，但习惯上一般都用小写。

• HTML 5 对语法要求比较宽松，双标记的元素允许省略结束标记，例如，<p> 等价于 <p> 与 </p> 的运行效果。

• 只有属性名没有属性值也可以（属性名和属性值相同时），如 checked。

• 引用外部样式或者 JavaScript 时，type 属性可省略。

知识拓展

一个完整网页包括需要的内容、结构、表现和行为四个要素。内容是网页的核心，结构（HTML）为内容提供了组织框架，将内容元素按照逻辑顺序和层次进行排列。

1. 内容（content）

内容包括文本、图像、视频和音频等，文本是网页传递信息的核心部分，包括标题、段落、列表等各种形式。例如，在一个新闻网页中，新闻标题和正文内容就是以文本形式呈现的。图像能够直观地展示信息，增强网页的吸引力，图像的选择要与网页主题相关，并且要考虑其格式、大小，以保证在不影响网页加载速度的前提下提供良好的视觉体验。

2. 结构（structure）

HTML（超文本标记语言）是网页的骨架。它通过各种标签来定义网页的结构，如 <head> 标签用于包含网页的元数据（如标题、样式表链接等），<body> 标签包含网页的可见内容。在 HTML 中，可以使用 <div> 标签划分网页的不同区域，使用 <h1> ~ <h6> 标签来定义标题的级别，使用 <p> 标签来定义段落等，一个简单的网页结构可能是一个带有标题、导航栏、主体内容和页脚的布局，这些部分都可以通过 HTML 标签来构建。

文档对象模型（DOM）是 HTML 和 XML 文档的编程接口。它将网页文档表示为一个树状结构，其中每个节点代表文档中的一个元素（如标签、文本、注释等）。通过 JavaScript 等脚本语言可以访问和操作 DOM 节点，从而实现动态地修改网页内容、样式和行为。

3. 表现（presentation）

CSS（层叠样式表）用于控制网页的外观，包括字体、颜色、布局、背景等方面。CSS 可以通过选择器来定位 HTML 元素，并为其添加样式规则。随着移动设备的广泛使用，网页需要在不同的屏幕尺寸和设备类型（如桌面计算机、平板计算机、手机等）上都能提供良好的用户体验。响应式设计就是通过 CSS 的媒体查询等技术，根据设备的屏幕宽度等特性来调整网页的布局和样式。

4. 行为（behavior）

JavaScript 是一种脚本语言，用于为网页添加交互功能。例如，实现表单验证，当用户在网页上填写注册表单时，JavaScript 可以检查输入的内容是否符合要求（如密码长度是否足够、邮箱格式是否正确等），并在不符合要求时弹出提示信息。还可以用于创建动画效果，如幻灯片展示、元素的淡入淡出等。JavaScript 可以通过操作 DOM 和 CSS 来改变网页的状态。

项目评价

班级：　　　　　小组：　　　　　姓名：　　　　　学号：　　　　　综合评分：

序　号	任务内容	实施结果自评	小组互评
1	创建项目		
2	创建新的组织文件夹		
3	创建新的 HTML 文件		
4	完成第一个 HTML 页面的内容		

项目二
“广东红色文化”主题网站制作——HTML 5基础

项目导读

小丁是广东省某高校的大一学生，他对红色文化非常感兴趣，目前也在学习 HTML 5+CSS 3 前端设计的课程，他想设计一个关于“广东红色文化”主题的网站用于宣传红色文化，使红色文化得到更好的传承。在本项目中小丁会使用 HTML 的标签功能完成新闻页面和新闻列表页面的设计。

学习目标

知识传递

- 掌握文本标记的用法
- 理解新增结构元素
- 掌握无序列表元素 <ol> 的用法
- 掌握有序列表元素 <ul> 的用法
- 掌握图片元素 <img> 的用法
- 掌握超链接 <a> 标记的用法

能力培养

- 能使用文本类标记创建页面
- 能使用列表元素创建新闻页面
- 能够书写规范的 HTML 5 代码

价值引领

- 树立红色文化信念

通过深入挖掘以及认真学习家乡的红色文化资源，让学生从中汲取精神力量，坚定理想信念，塑造正确的世界观与人生观，筑牢为实现中华民族伟大复兴的中国梦而不懈奋斗的决心与信念，使其在思想上找准方向，明确奋斗的价值所在。

- 厚植文化自信

把地方红色文化案例融入专业学习的过程中，使学生在学习专业知识的同时，深入了解和感受中华优秀传统文化的魅力，进而培养他们对中华优秀传统文化的深厚情感，增强文化自信，让他们能够更加自豪且坚定地传承与弘扬优秀传统文化。

• 树立全球视野

挖掘红色文化所蕴含的精神价值以及文化案例，培养大学生树立人类命运共同体意识，促使他们站在全球的角度去思考问题、看待事物，培养更具包容性和大局观的思维，更好地应对全球化背景下的各种挑战与机遇。

知识准备

视频

HTML文本控制标记

一、文本元素

（一）标题标签

HTML 标题是通过 <h1> ~ <h6> 标签定义的，一般文章都有标题、副标题、章节等结构，经常在页面中用标题 <h*n*> 标签，HTML 5 中共提供了六个级别的标题，*n* 值越大，标题字号就越小，它们均为双标记标签，基本语法格式如下：

```
<hn>标题文本</hn>
```

语法说明：

n 取值为 1 ~ 6，标题 <hn> 标签不能嵌套使用。标题标签应用示例如下：

```
<!DOCTYPE html>
<html>
    <head>
        <meta charset="utf-8">
        <title>h1~h6标题标记</title>
    </head>
    <body>
        <h1>1级标题</h1>
        <h2>2级标题</h2>
        <h3>3级标题</h3>
        <h4>4级标题</h4>
        <h5>5级标题</h5>
        <h6>6级标题</h6>
    </body>
</html>
```

在 Chrome 浏览器中的运行效果如图 2.1 所示。

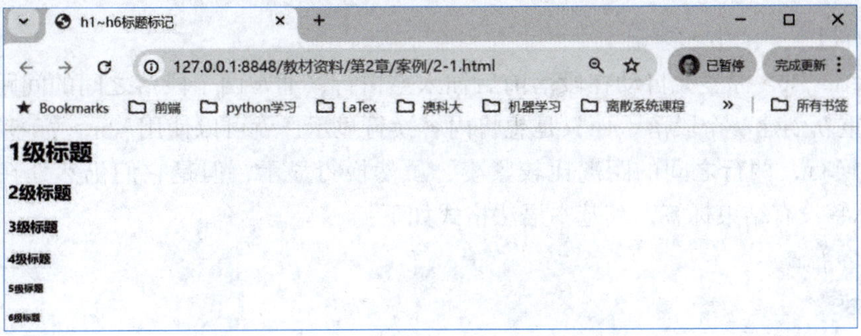

图 2.1　标题标签运行效果

（二）段落——<p> 标记

<p> 标记是 HTML 5 文档中最常见的段落标记，网页中要把文字按照若干段落显示出来，离不开段落标记。段落标记基本语法格式如下：

```
<p>段落文字</p>
```

语法说明：

浏览器在显示 <p> 段落时，将在其内容前后分别插入一个空白行。这些空白行由浏览器在显示网页时自动加入，<p> 标签不能嵌套使用。

<p> 标记应用示例如下：

```
<!DOCTYPE html>
<html>
    <head>
        <meta charset="utf-8">
        <title>p标签案例</title>
    </head>
    <body>
        <h3 align="center">念奴娇·赤壁怀古</h3>
        <p>大江东去，浪淘尽，千古风流人物。</p>
        <p>故垒西边，人道是，三国周郎赤壁。</p>
        <p>乱石穿空，惊涛拍岸，卷起千堆雪。</p>
    </body>
</html>
```

在 Chrome 浏览器中的运行效果如图 2.2 所示。

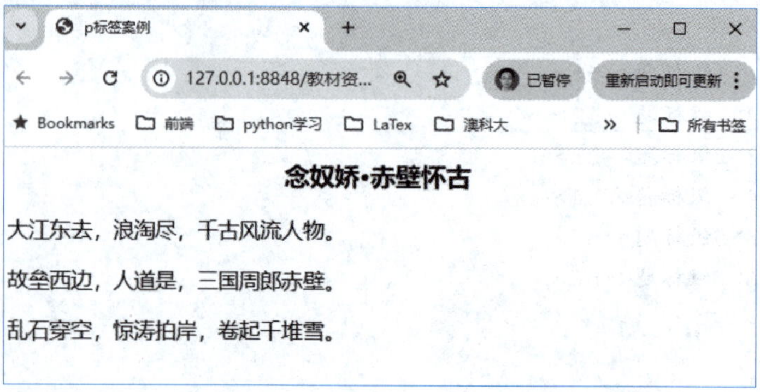

图 2.2　浏览器运行段落 <p> 标签效果图

（三）换行——
 标记

前面介绍，<p> 标签会自动在段落前后插入空白行，通常两个段落之间的间距比较大。如果并不需要重新创建一个段落，而只是想将内容换行显示，就可以使用
 标签。通过
 标签实现的换行，两行之间的距离比较紧凑，虽然换行显示，但是它们仍然处在同一个段落中。
 标签没有结束标签，其基本语法格式如下：

```
<br/>或者<br>
```

语法说明：

目前的浏览器都支持
 和
 两种写法。
 是 HTML 4 标准，而 XHTML 规范要求标签必须闭合，因此需要写成
，建议读者采用后者。一个换行使用一个
 标签，多个换行可以连续使用多个
 标签。

对比 <p> 标记和
 标记应用示例如下：

```
<!DOCTYPE html>
<html>
    <head>
        <meta charset="utf-8">
        <title>换行标记</title>
    </head>
    <body>
        <p>这是第一段</p>
        <p>这是第二段</p>
        这是第一行<br/>
        这是第二行<br/>
        这是第三行<br/>
    </body>
</html>
```

在 Chrome 浏览器中的运行效果如图 2.3 所示。

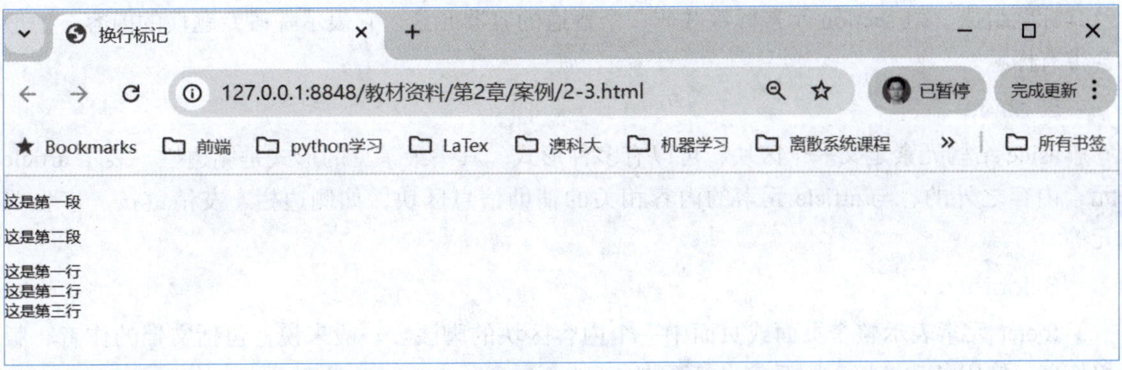

图 2.3　段落 <p> 和换行
 标签运行效果

（四）<span> 标记

大部分 HTML 标签都有其意义（如 <p> 标签创建段落、<h1> 标签创建标题等），然而 <span> 标签和 <div> 标签似乎没有任何内容上的意义，但它与 CSS 结合后，应用范围非常广泛。其基本语法格式如下：

```
<span>内容</span>
```

语法说明：

该标签除了 HTML 全局属性外没有自己的属性。它的意义是让开发人员自由地使用 CSS 对 <span> 标签内的文本进行格式化。

（五）HTML 5 新增结构元素

HTML 5 中文档结构同样是由头部和主体两部分组成，只是新增了 header、nav、section、article、section、aside、footer 等结构元素，这些元素都是块级元素。运用这些结构元素，可以让网页的整体布局更加直观和明确、更富有语义化。

视频

HTML新增文本元素

1. header

header 元素定义文档的页眉，通常是一些引导和导航信息。它不局限于写在网页头部，也可以写在网页内容中。通常 <header> 标签至少包含（但不局限于）一个标题标记（<h1> ~ <h6>），还可以包括 <hgroup> 标签，以及表格内容、标识、搜索表单、<nav> 标签等。

2. nav

nav 元素定义一个页面导航的链接组，其中的导航元素链接到其他页面或者当前页面的其他部分，使 HTML 代码在语义化方面更加精确，同时对于屏幕阅读器等设备的支持也更好。

3. main

main 主要用来标识网页中的主要内容。main 内容对于文档来说应当是唯一的，它不应包含网页中重复出现的内容，如侧栏、导航栏、版权信息、站点标志或搜索表单等。简单来说，在一个页面中，不能出现一个以上的 main 元素。main 元素不能被包含在 article、aside、footer、header 或 nav 中。

4. section

section 元素用于定义文档中的节，如章节、页眉、页脚或文档中的其他部分。一般用于成节的内容，会在文档流中开始一个新节。它用来表现普通的文档内容或应用区块，通常由内容及其标题组成。但 section 元素标签并非一个普通的容器元素，它表示一段专题性的内容，一般会带有标题。

5. aside

aside 结构元素定义一个区块，可以有多种形式，其中最常见的形式是侧边栏。表示 article 元素内容之外的、与 article 元素的内容相关的辅助信息区块，如侧边栏、友情链接、广告单元等。

6. footer

footer 元素表示整个页面或页面中一个内容区块的脚注。一般来说，包括文档的作者、版权信息、使用条款链接、联系信息等页脚信息。

7. article

article 元素代表一个独立的、完整的内容块，指的是一篇有意义的文章。article 元素嵌套使用时，则代表与外层元素有关的文章。

8. hgroup

hgroup 元素用于将多个标题（主标题、副标题或子标题）组成一个标题组，通常它与 h1 ~ h6 标题元素组合使用。通常，将 hgroup 元素放在 header 元素中。使用 hgroup 元素时注意以下几点：

- 只有一个标题元素不建议使用 hgroup 元素。
- 当出现多个标题元素时，推荐使用 hgroup 元素作为标题元素。
- 当一个标题包含副标题、section 或者 article 元素时，建议将 hgroup 元素和标题相关元素存放到 header 元素容器中。

（六）设计新的主义元素

HTML 5 不仅新增了很多结构元素，也增加了很多实用元素，如 figure 和 figcaption 元素等，下面对它们进行简单介绍。

1. figure 和 figcaption 元素

figure 元素可以定义独立的流内容，如图像、图表、照片、代码等。figure 元素的内容应该与主内容相关，但如果被删除，则不会对文档产生影响。

figcaption 元素表示 figure 元素的标题，它从属于 figure 元素，必须书写在 figure 元素内部，可以书写在 figure 元素内的其他从属元素的前面或后面。一个 figure 元素内最多只允许放置一个 figcaption 元素，但允许放置多个其他元素。

2. details 和 summary 元素

details 元素用于描述文档或文档某个部分的细节，被 details 标识的内容可以展开或收缩显示。details 可以包含文字、表单、插件或表格等任何超文本信息。details 包含一个 open 属性，取值为布尔值，当该属性值为 true 时，其包含的子元素应该展开显示；当该属性值为 false 时，其包含的子元素应该收缩起来不显示。open 属性的默认值为 false，页面打开时，其内部子元素处于收缩状态。

summary 元素为 details 的子元素，可以为 details 定义标题。标题是可见的，用户单击标题时，会显示出 details 包含的信息。

二、列表元素

视频

列表

（一）无序列表（ul 元素）

无序列表（unordered list）是网页中最常用的列表，之所以称为“无序列表”，是因为其各个列表项之间没有顺序级别之分，通常是并列的，例如，网页中的“新闻列表”“商品列表”“导航条”等都可以用无序列表进行定义。其基本语法格式如下：

```
<ul>
    <li>列表1</li>
    <li>列表2</li>
    <li>列表3</li>
    …
</ul>
```

语法说明：

在上面的语法中，<ul> 和 </ul> 标志着无序列表的开始和结束，每对 <ul></ul> 至少包含一对 <li> </li> 标记，默认情况下，浏览器使用“•”作为无序列表的符号。

无序列表应用示例如下：

```
<!DOCTYPE html>
<html>
    <head>
        <meta charset="utf-8">
        <title>ul元素的使用</title>
    </head>
    <body>
        <ul>
            <li>人工智能技术与应用</li>
```

```
                <li>区块链技术与应用</li>
                <li>云计算技术与应用</li>
            </ul>
        </body>
</html>
```

在 Chrome 浏览器显示运行效果如图 2.4 所示。

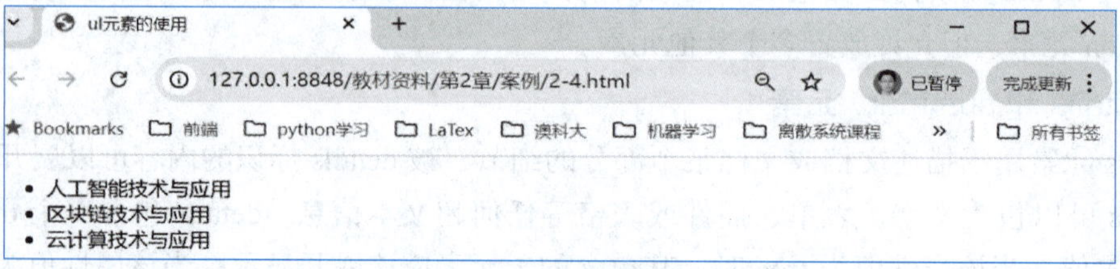

图 2.4　无序列表运行效果

提示：

（1）HTML 5 中不再支持 <ul/> 的 type 属性，可用 CSS 代替 type 自定义列表的项目符号类型。

（2）<li> 与 </li> 之间相当于一个容器，可以嵌套所有元素。

（3）<ul></ul> 标签中不允许直接写文字，需要嵌套在 <li></li> 内。

（二）有序列表（ol 元素）

有序列表（ordered list），其各个列表项按照一定的顺序排列。例如，网页中常见的歌曲排行榜、游戏排行榜等都可以通过有序列表来定义。其基本语法格式如下：

```
<ol >
    <li>列表1</li>
    <li value="number">列表2</li>
    <li>列表3</li>
    …
</ol>
```

语法说明：

在上面的语法中，value 属性必须被设置为整数值，在被设置属性的列表后面的其他列表会以 value 属性值作为起始值，该值对前面的列表项没有影响。

有序列表应用示例如下：

```
<!DOCTYPE html>
<html>
    <head>
        <meta charset="utf-8">
        <title>ol元素</title>
    </head>
    <body>
        <ol>
            <li>人工智能技术与应用</li>
```

```
            <li>区块链技术与应用</li>
            <li>云计算技术与应用</li>
        </ol>
    </body>
</html>
```

在 Chrome 浏览器显示运行效果如图 2.5 所示：

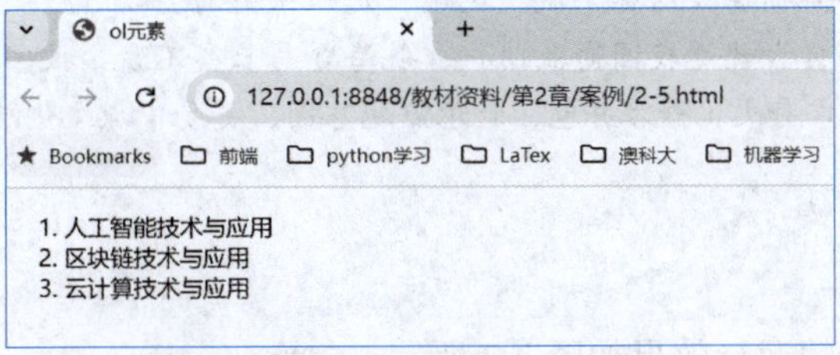

图 2.5　有序列表运行效果

如果希望列表进行反向排序，将第 8 行代码修改为：

```
<ol reversed>
```

保存后刷新页面，浏览器中的运行效果如图 2.6 所示。

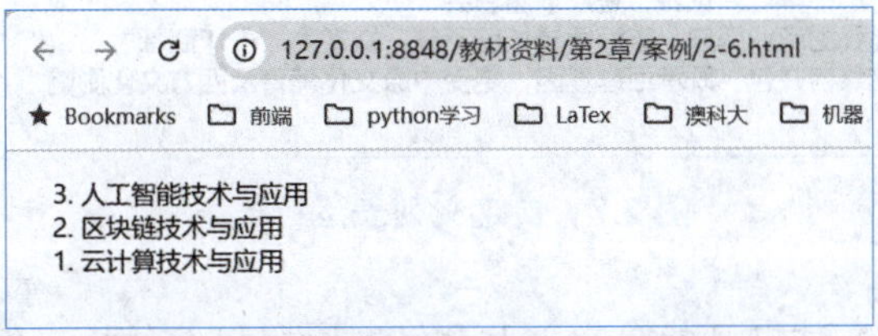

图 2.6　有序的反向排序运行效果

（三）定义列表（dl 元素）

定义列表（definition list）常用于对术语或名词进行解释和描述，与无序和有序列表不同，定义列表的列表项前没有任何项目符号。定义列表经常使用在网站尾部和相关信息或者图文并排的应用场景中，其基本语法格式如下：

```
<dl>
    <dt>名词1</dt>
        <dd>名词1解释1</dd>
        <dd>名词1解释2</dd>
        …
    <dt>名词2</dt>
        <dd>名词2解释1</dd>
        <dd>名词2解释2</dd>
        …
</dl >
```

自定义列表应用示例如下：

```
<!DOCTYPE html>
<html>
    <head>
```

```
        <meta charset="utf-8">
        <title>自定义列表</title>
    </head>
    <body>
        <dl>
            <dt>广州</dt>
            <dd>简称穗，别称羊城、花城，是广东省省会</dd>
            <dd>自古就是我国商业门户，航海贸易长盛不衰，被誉为“千年商都”</dd>
            <dd>广府文化兼容并包，既承百越基因，更受中原文化哺育及西方文化影响</dd>
        </dl>
    </body>
</html>
```

在 Chrome 浏览器中的运行效果如图 2.7 所示。

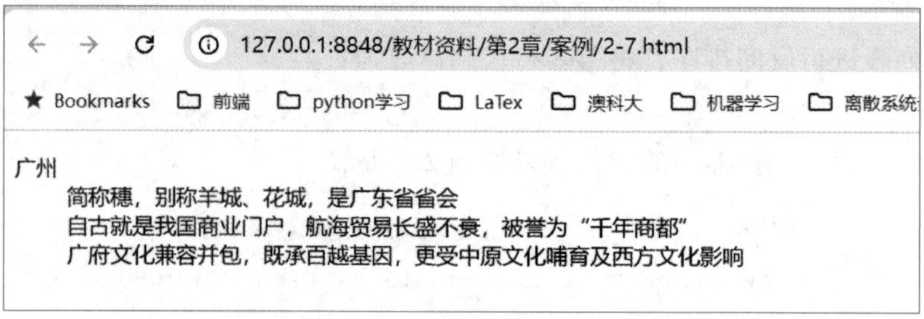

图 2.7　自定义列表运行效果

提示： <dl></dl> 对中只能包含 <dt></dt> 和 <dd></dd>，但 <dt> 和 <dd> 个数没有限制，经常是一个 <dt> 对应多个 <dd>，且列表项前没有任何项目符号。

（四）列表的嵌套

列表的嵌套应用示例如下：

```
<!DOCTYPE html>
<html>
    <head>
        <meta charset="utf-8">
        <title>列表的嵌套应用</title>
    </head>
    <body>
        <ul>
            <li type="square">计算机相关专业
                <ol type="A">
                    <li>人工智能技术与应用</li>
                    <li>区块链技术与应用</li>
                    <li>云计算技术与应用</li>
                </ol>
            </li>
                <li>艺术相关专业
```

```
                    <ul type="circle" >
                    <li>环境艺术专业</li>
                    <li>平面设计专业</li>
                </ul>
            </li>
        </ul>
    </body>
</html>
```

在 Chrome 浏览器中的运行效果如图 2.8 所示。

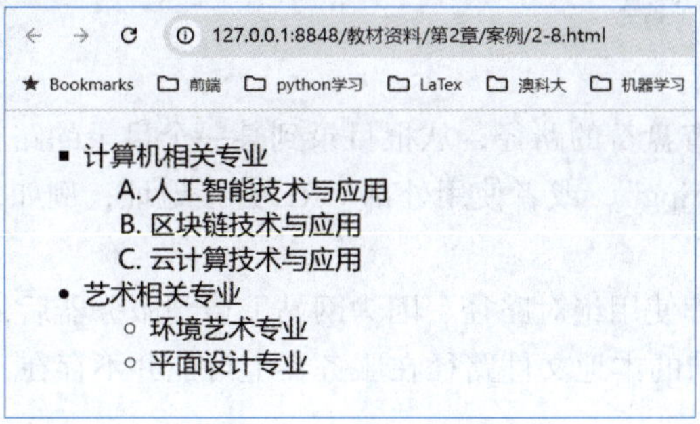

图 2.8　嵌套列表运行效果

视 频

图片元素与超链接

三、图片元素

（一）图像标签

图像是网页中不可或缺的元素。要在网页中显示图像，就需要使用图像标记 <img/>。图像与文本的区别在于，文本可以直接包含在 HTML 文档中，而图像通常以外部文件的形式引入，并需要指定常用的图像格式。下面详细介绍图像标记 <img/> 以及和它相关的属性，具体见表 2.1。其基本语法格式如下：

```
<img  src="图像url"  alt="替换文本"  / >
```

语法说明：

该语法中 src 属性用于指定图像文件的路径和文件名，它是 <img /> 标签的必需属性，这一路径可以是相对路径，也可以是绝对路径。

表 2.1　<img> 标签的属性

属　性	属 性 值	描　述
src	URL	图像的路径
alt	文本	图像不能显示时的替换文本
title	文本	鼠标指针悬停时显示的内容
width	像素（XHTML 不支持 % 页面百分比）	设置图像的宽度
height	像素（XHTML 不支持 % 页面百分比）	设置图像的高度
border	数字	设置图像边框的宽度
vspace	像素	设置图像顶部和底部的空白（垂直边距）
hspace	像素	设置图像左侧和右侧的空白（水平边距）

续表

属　性	属 性 值	描　述
align	left	将图像对齐到左边
	right	将图像对齐到右边
	top	将图像的顶端与文本的第一行文字对齐，其他文字居图像下方
	middle	将图像的水平中线和文本的第一行文字对齐，其他文字居图像下方
	bottom	将图像的底部和文本的第一行文字对齐，其他文字居图像下方

（二）绝对路径和相对路径

1. 绝对路径

绝对路径一般是指带有盘符的路径，从根目录到某一个目录的路径。例如，“D:\Web 前端项目 \ 自我介绍 \images\pic.jpg”，或者使用外部 URL 链接地址，例如，“http://www.gdcmxy.cn/img/www/2020/0508/03.jpg”。

在网页制作中，不推荐使用绝对路径。因为网站上传到服务器后，文件的目录结构可能会发生变化，而绝对路径指向的本地文件路径在服务器上可能并不存在，从而导致图像或其他资源无法正常加载。

注意：不同的操作系统的斜杠不同，Windows 操作系统中是“\”，Linux 操作系统中是“/”。

2. 相对路径

从 HTML 文档的位置出发，以一个目录为起点到另一个目录的路径。所谓相对路径，顾名思义，就是自己相对于目标的位置。在图 2.9 中 index.html 中要链接的 P1.jpg 可以使用 images/P1.jpg 来定位文件，只要它们的相对关系没有变，就不会出错。使用“../”表示上一级目录，“../../”表示上上级目录，依此类推。

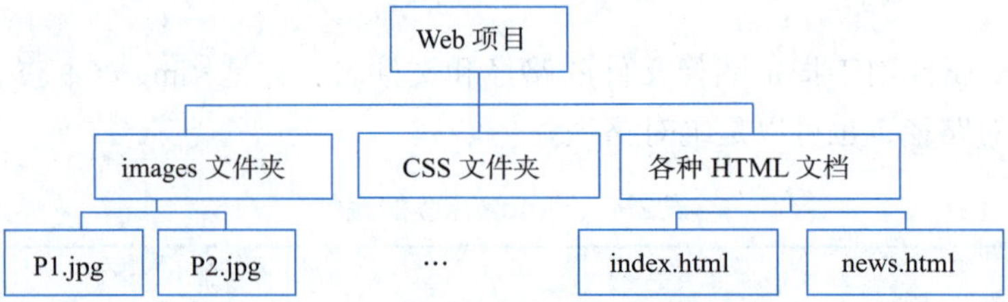

图 2.9　相对路径示意图

（三）常用图像格式

1. GIF 格式

GIF（graphic interchange format）最突出的优点就是它支持动画，可以将几张静态图片作为动画帧串起来，转换成一个动画文件。同时，GIF 也是一种无损的图像格式，即修改图片之后，图片质量几乎没有损失。再加上 GIF 支持透明（全透明或全不透明），因此很适合在互联网上使用。但 GIF 只能处理 256 种颜色。在网页制作中，GIF 格式常常用于 Logo、导航条、按钮、小图标以及其他色彩相对单一的图像。

2. JPEG 格式

JPEG（joint photographic experts group）是一种图像压缩格式，严格地说，".jpeg" 扩展名与 ".jpg" 实质上是一样的，其优点是所能显示的颜色比 GIF 和 PNG 的色调更高级，适合呈现色彩丰富的图片，但是 JPEG 是一种有损压缩图像格式，图像压缩时会对图片的品质有所损害。JPEG 是特别为照片图像设计的文件格式，网页制作过程中类似于照片的图像（如 banner 图、商品图片、较大的插图等）都可以保存为 JPEG 格式。

3. PNG 格式

PNG（portable network graphics）是一种非破坏的网页图像格式，相比 GIF 格式，PNG 最大的优势是体积更小，并且颜色过渡更平滑，但 PNG 不支持动画。它最大的优点是提供了最小的方式压缩但图像不会失真，而且支持 48 位色彩，能够更快捷地交错显示，进行跨平台的图像亮度控制，支持更多 alpha 透明（全透明 / 半透明 / 全不透明）设置。

四、超链接

通常所说的超文本链接（hyper text link），简称超链接（hyperlink）或链接（link），是指通过内容进行链接的方式。从本质上讲，超链接是网页的一个组成部分，它作为一种元素，允许用户在不同网页或网站之间建立连接。只有当各个网页通过超链接相互连接时，它们才能共同构成一个完整的网站。

在超文本文档中，超链接通过标记语言中的标签来标识。具体来说，超链接指的是从一个网页指向另一个目标的连接关系。这个目标可以是另一个网页、同一网页内的不同部分、一张图片、一个电子邮件地址、一个文件，甚至是一个应用程序。作为 WWW 技术的核心，超链接是网页中极为重要且基础的元素之一。它使得原本孤立的网页能够彼此关联，从而构建出结构化的网站体系。

（一）超链接标签

1. 文字图像链接

在网页中创建超链接的基本语法格式如下：

```
<a href= "文件名" target="目标窗口的弹出方式" >链接文字或图像 </a>
```

或

```
<a href= "URL" target="目标窗口的弹出方式" >链接元素 </a>
```

语法说明：

该语法中，href 用于设置超链接地址，target 用于设置超链接的打开方式。

• href 属性值就是超链接指定的目标资源路径，既可以是外部网址，也可以是内部页面地址。

• target 属性定义新网页的打开方式，其值经常包括 _blank 和 _self 两个，其中 _self（默认值）在当前窗口中打开该页面（没有设置打开方式时，默认在当前窗口中打开），_blank 在一个新窗口中打开页面。

创建超链接应用示例如下：

```
<!DOCTYPE html>
<html>
    <head>
        <meta charset="utf-8">
```

```
        <title>超链接</title>
    </head>
    <body>
        <a href="recruit.html" target="_blank">链接到网页</a><br />
        <a href="#" >这是一个空的链接</a><br />
        <a href="mailto:111XXX@163.com">这是一个邮箱链接</a><br />
        <a href="imag/02.jpg">这是一张图片链接</a><br />
        <a href="http://www.gdcmxy.edu.cn/" ><img src="imag/02.jpg"/></a>
    </body>
</html>
```

在 Chrome 浏览器中的运行效果如图 2.10 所示。

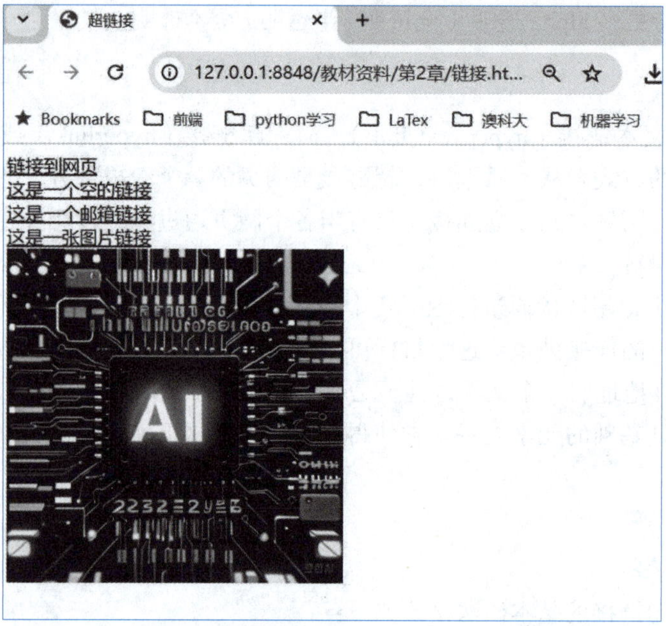

图 2.10　超链接网页运行效果

提示：

（1）在暂时没有确定链接目标时，通常将 <a> 标签的 href 属性值设置为 '#'，即 href="#"，表示链接暂时为一个空链接。

（2）在网页中不仅可以创建文本超链接，而且可以为网页元素（如图像、邮件、FTP、音频、视频等）创建超链接。

2. 锚点链接

网页中经常内容较多、页面过长导致浏览网页时需要不断地拖动滚动条来查看页面的内容，这很不方便。为了提高信息的检索效率，HTML 5 提供了一种特殊的链接——锚点链接，通过锚点链接能够快速定位到目标内容。创建锚点链接的步骤如下：

（1）创建锚点链接对象，语法格式如下：

```
<a href= "#id" >锚点链接文字 </a>
```

语法说明：

该语法中，通过锚点名称可以标注相应的锚点，创建锚点链接对象和创建超链接的语法格式类似，两者的差异在于创建锚点链接对象时使用的href属性的值为"#id"（id指CSS中id选择器的名称，将在项目三中介绍）。

（2）创建锚点跳转目标，语法格式如下：

```
<标签 id= "锚点名称" >显示内容 </标签>
```

语法说明：

该语法中，使用id标注跳转目标，此处的id要与创建锚点链接对象的id名称一致。

创建超链接应用示例如下：

```
<!DOCTYPE html>
<html>
    <head>
        <meta charset="utf-8">
        <title>锚点链接</title>
    </head>
    <body>
        <h2>党史学习教育专栏</h2>
        <ul>
            <li><a href="#type1">主题教育1</a></li>
            <li><a href="#type2">主题教育2</a></li>
            <li><a href="#type3">主题教育3</a></li>
        </ul>
        <h3 id="type1">主题教育1</h3>
          <p>学院党委书记汇报主题教育开展情况，分享做法经验。主题教育开展以来，该校在省委教育工委主题教育第二巡回指导组精心指导下，紧扣“真”字做文章，“创新学习模式，聚焦真学真懂真信”、“坚持问题导向，聚焦真调研解决真问题”、“锤炼党性修养，聚焦真担当建真功”、“赋能高质量发展，聚焦真做真落实”、“重视建章立制，聚焦真破真立”，不断推动主题教育走深走实。
        </p>
        <h3 id="type2">主题教育2</h3>
          <p>党委书记针对学校主题教育中存在的问题，强调要“边学边干边整改”。一是着力在一体推进上下功夫。按照党中央、省委和省委教育工委工作要求，理论学习、调查研究、整治整改一体推进，要把个人自学贯穿始终，完善学习方式，建立专家辅导、分组研讨等方式，分组研讨具体落实到校领导领学，中层干部跟学，其他成员践学，把学习落实到每个党员身上。</p>
        <h3 id="type3">主题教育3</h3>
        <p> 当日，广州市白云区龙归街道、白云区南岭村、白云区南园小学党政领导及南岭村入党积极分子也在广州校区分会场参加开班式并听取讲座。这是学校党委以主题教育为载体，全面落实习近平总书记关于现代职业教育产教融合、校企合作的重要指示精神，强化学校与属地基层党组织的大党建协同机制，与社区党组织共同开展主题教育读书班活动，旨在共享优质党建资源，做强校地共育数字商业人才的合力。</p>
    </body>
</html>
```

在Chrome浏览器中的运行效果如图2.11所示。

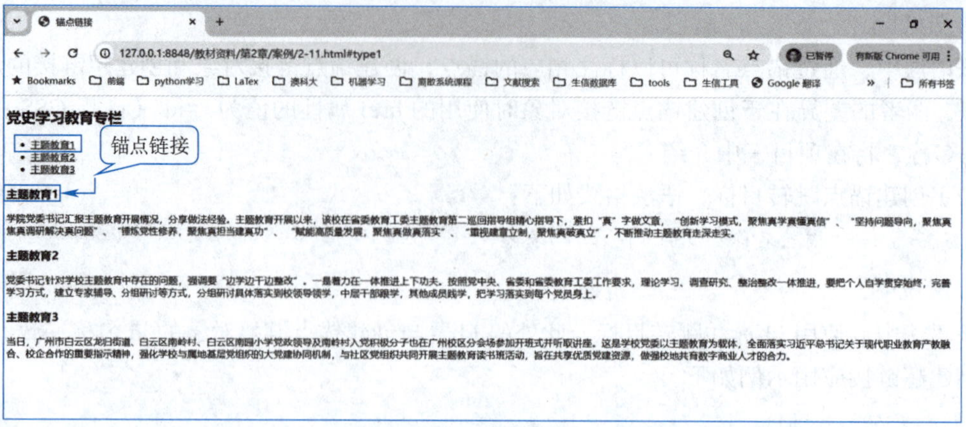

图 2.11　嵌套列表运行效果

在上面案例的代码中，分别在每个段落的开始添加了锚点。但是在显示的页面中并没有任何变化。设置锚点的目的就是让用户方便地在同一页面内跳转，因此实现锚点的链接才是设置锚点的最终目标。链接到页面内的锚点需要使用 # 标记。

3. E-mail 链接

E-mail 链接的语法格式如下：

```
<a href= "mailto:邮件地址" >锚点邮件 </a>
```

创建邮件的超链接应用示例如下：

```
<!DOCTYPE html>
<html>
    <head>
        <meta charset="utf-8">
        <title>邮件链接 </title>
    </head>
    <body>
        <h1>邮件链接示例</h1>
            <p>点击下面的链接发送邮件：</p>
            <p><a href="mailto:497049971@qq.com">发送邮件</a></p>
    </body>
</html>
```

在 Chrome 浏览器中，单击“发送邮件”超链接，运行效果如图 2.12 所示。

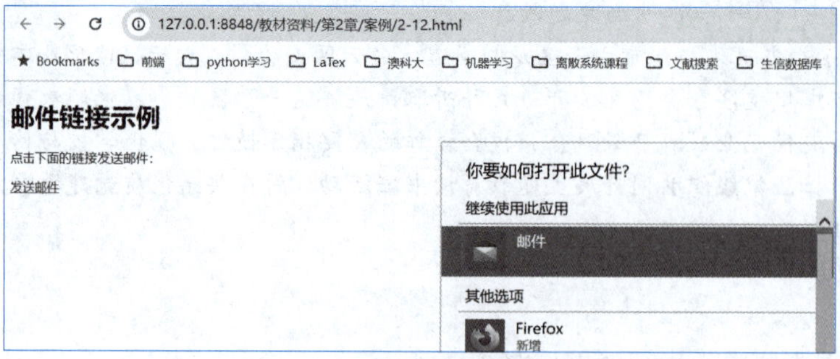

图 2.12　浏览器运行邮件链接效果

任务一 使用文本段落标记元素完成招聘页面的制作

任务描述

小丁同学为了宣传红色文化，通过线上线下查找了很多资料和素材，准备设计“广东红色文化”主题网站，并招募网站的团队成员，现在通过 HTML 文本标记设计一个招聘页面。

任务展示

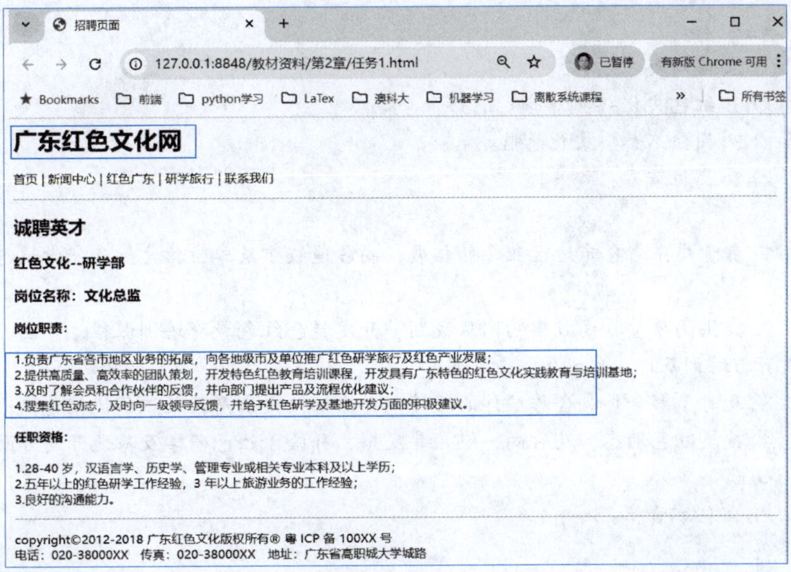

任务实施

1.【创建新项目】通过选择“文件”→“新建”→“项目”命令创建“广东省红色文化网站”项目。

2.【新建 HTML 文件】在项目文件夹中，通过选择“新建”→“.html 文件”命令创建“招聘 .html”。

3.【新建各种标题标签】在 <body></body> 之间，添加不同标题标签，<h1> 广东红色文化网 </h1>,<h2> 诚聘英才 </h2>，<h3> 红色文化 -- 研学部 </h3>，<h4> 岗位职责：</h4><hr /> 添加默认的水平线，
 实现换行。

4.【新建各种段落标签】在 <body></body> 之间，添加段落 <p> 首页…</p> 标签制作导航，添加 <p> 负责广东省…</p> 制作正文内容，<p>copyright&copy…</p> 制作页尾版权信息内容。

5.【新建 HTML 文件】在 <body></body> 之间，在合适的位置通过 <hr/> 添加默认的水平线。

任务一详细代码如下：

```
<!DOCTYPE html>
<html>
    <head>
        <meta charset="utf-8" />
        <title>招聘页面</title>
```

```
    </head>
    <body>
        <h1>广东红色文化网</h1>
        <p>
            首页  |
            新闻中心  |
            红色广东  |
            研学旅行  |
            联系我们
        </p>
        <hr />
        <h2>诚聘英才</h2>
        <h3>红色文化--研学部</h3>
        <h3>岗位名称: 文化总监</h3>
        <h4>岗位职责: </h4>
        <p>
        1.负责广东省各市地区业务的拓展，向各地级市及单位推广红色研学旅行及红色产业发展；<br/>
        2.提供高质量、高效率的团队策划，开发特色红色教育培训课程，开发具有广东特色的红色文化实践教育与培训基地；<br/>
        3.及时了解会员和合作伙伴的反馈，并向部门提出产品及流程优化建议；<br/>
        4.搜集红色动态，及时向一级领导反馈，并给予红色研学及基地开发方面的积极建议。
        </p>
        <h4>任职资格: </h4>
        <p>
        1.28-40 岁，汉语言学、历史学、管理专业或相关专业本科及以上学历；<br/>
        2.五年以上的红色研学工作经验，3 年以上旅游业务的工作经验；<br/>
        3.良好的沟通能力。</p>
        <hr />
        <p>copyright&copy;2012-2018 广东红色文化版权所有&reg; 粤 ICP 备 100XX 号<br/>
        电话: 020-38000XX  传真: 020-38000XX  地址: 广东省高职城大学城路
        </p>
    </body>
</html>
```

技巧与提高

在 HTML 中，一个段落中的文字会从左到右依次排列，直到浏览器窗口的右端，然后才自动换行，如果希望某段文本强制换行显示，就需要使用换行标签
。段落标签不一样，段落之间会插入一些垂直间距，而换行标签不会。

在任务一的基础上，为了提高代码的可读性和层次结构，通过这些语义化的标签可以快速定位页面的不同部分。比如，对页面的脚部（<footer>）进行修改，使用 HTML 5 结构化标签后，就可以很容易地找到 <footer> 标签所在的位置，以及其内部包含的内容，如版权信息、联系方式等。对任务一的代码进行进一步完善：

```
<!DOCTYPE html>
<html>
    <head>
        <meta charset="utf-8" />
        <title>新增结构标记</title>
    </head>
    <body>
        <header>
            <h1>广东红色文化网</h1>
            <nav>
                首页  |
                新闻中心  |
                红色广东  |
                研学旅行  |
                联系我们
            </nav>
            <hr />
        </header>
        <main>
            <h2>诚聘英才</h2>
            <h3>红色文化--研学部</h3>
            <h3>岗位名称：文化总监</h3><section>
        <section>
            <h4>岗位职责：</h4>
            <p>
            1.负责广东省各市地区业务的拓展，向各地级市及单位推广红色研学旅行及红色
产业发展；
            2.提供高质量、高效率的团队策划，开发特色红色教育培训课程，开发具有广东
特色的红色文化实践教育与培训基地；
            3.及时了解会员和合作伙伴的反馈，并向部门提出产品及流程优化建议；
            4.搜集红色动态，及时向一级领导反馈，并给予红色研学及基地开发方面的积极建议。
            </p>
        </section>
        <section>
            <h4>任职资格：</h4>
            <p >
            1.28-40 岁，汉语言学、历史学、管理专业或相关专业本科及以上学历；
            2.五年以上的红色研学工作经验，3年以上旅游业务的工作经验；
            3.良好的沟通能力。</p>
        </section>
            <hr />
        </main>
        <footer>
            <p > copyright&copy;2012-2018 广东红色文化版权所有&reg; 粤 ICP 备
10026687 号<br/>
```

```
            电话：020-3800000  传真：020-3800043  地址：广东省高职城大学城路
          </p>
        </footer>
    </body>
</html>
```

任务二 使用列表元素制作网页中的新闻页面

任务描述

小李团队的成员收集了很多关于红色文化宣传的新闻，准备设计一个新闻列表页面，不定期更新显示红色文化新闻的标题，以便链接到新闻页面中。

任务展示

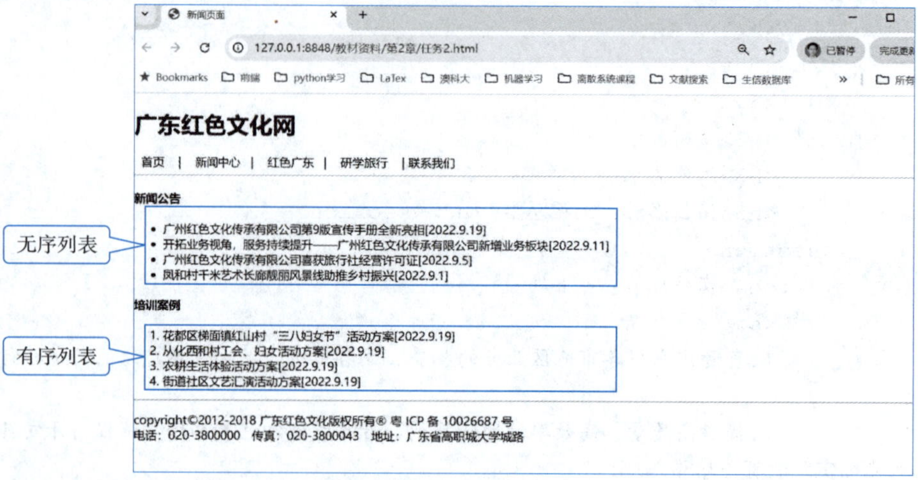

任务实施

1.【新建 HTML 文件】在项目文件夹中，通过选择“新建”→“.html 文件”命令创建“新闻公告 .html”。

2.【新建无序列表标签】在 <body></body> 之间，添加无序列表：

```
<ul>
    <li>广州红色文化……</li>
    <li>开拓业务视角……</li>
    <li>广州红色文化……</li>
    <li>凤和村千米艺术……</li>
</ul>
```

3.【新建无序列表标签】在 <body></body> 之间，添加无序列表：

```
<ol>
    <li>花都区……</li>
```

```
        <li>从化西和……</li>
        <li>农耕生活……</li>
        <li>街道社区……</li>
    </ol>
```

任务二的详细代码如下：

```
    <!DOCTYPE html>
    <html>
        <head>
            <meta charset="utf-8" />
            <title>新闻页面</title>
        </head>
        <body>
            <header>
                <h1>广东红色文化网</h1>
                <nav>  首页    |     新闻中心
    |      红色广东   |    研学旅行
    |  联系我们</nav>
                <hr />
            </header>
        <main>
            <h4>新闻公告</h4>
            <section>
                <ul>
                    <li>广州红色文化传承有限公司第9版宣传手册全新亮相[2022.9.19]</li>
                    <li>开拓业务视角，服务持续提升——广州红色文化传承有限公司新增业务
板块[2022.9.11]</li>
                    <li>广州红色文化传承有限公司喜获旅行社经营许可证[2022.9.5]</li>
                    <li>凤和村千米艺术长廊靓丽风景线助推乡村振兴[2022.9.1]</li>
                </ul>
            </section>
            <h4>培训案例</h4>
            <section>
                <ol>
                    <li>花都区梯面镇红山村“三八妇女节”活动方案[2022.9.19]</li>
                    <li>从化西和村工会、妇女活动方案[2022.9.19]</li>
                    <li>农耕生活体验活动方案[2022.9.19]</li>
                    <li>街道社区文艺汇演活动方案[2022.9.19]</li>
                </ol>
            </section>
        </main>
        <footer>
                <hr />
                <p>
```

```
                copyright&copy;2012-2018 广东红色文化版权所有&reg; 粤 ICP 备10026687 号<br/>
            电话：020-3800000  传真：020-3800043  地址：广东省高职城大学城路
            </p>
        </footer>
    </body>
</html>
```

技巧与提高

1. 无序列表

（1）简洁性：尽量保持列表项简短，这样更容易阅读和理解。

（2）一致性：确保列表中的所有项在语法和风格上保持一致，如使用相同的动词时态。

（3）可读性：如果列表项较长，可以考虑使用两空格或换行来增加可读性。

（4）嵌套列表：可以通过缩进创建嵌套的无序列表，表示层级关系。

2. 有序列表技巧

（1）确保列表项的顺序是有意义的，如果列表项之间有间隔，可以使用“#”号表示占位符，这样在添加或删除项时可以保持列表的连续性。

（2）自动编号：在某些编辑器中，有序列表可以自动编号，但手动编辑时需要注意保持编号的连续性。

（3）嵌套有序列表：同无序列表，有序列表也可以嵌套，以展示更复杂的层级结构。

任务三 使用图片和超链接制作新闻页面

任务描述

小丁团队参观了广州博物馆，收集了很多关于红色文化宣传的新闻材料（如图片、文字、视频等），团队成员正在撰写新闻稿件，把新闻稿件做成静态页面的形式展示出来。

任务展示

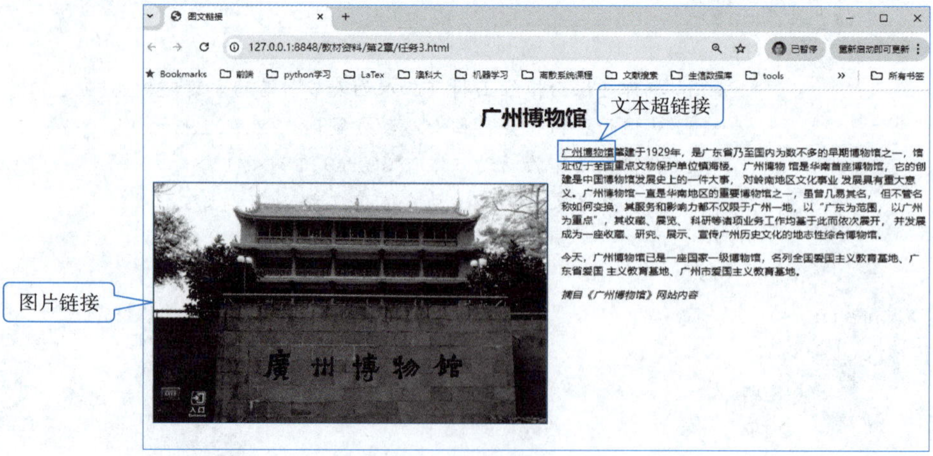

任务实施

1.【新建 HTML 文件】在项目文件夹中，通过选择“新建”→“.html 文件”命令创建“图文链接 .html”。

2.【新建标题标签】在 <body></body> 之间，添加标题标签 <h1> 广州博物馆 </h1>。

3.【新建超链接标签】添加 <a><img href="网址" target="_blank"/> 广州博物馆 </a> 标签。

4.【新建段落标签】添加 <p> 广州博物馆……</p> 标签。

5.【新建 <cite> 标签】在末尾添加 <cite> 摘自《广州博物馆》网站内容 </cite> 标签。

任务三的详细代码如下：

```
<!DOCTYPE html>
<html>
    <head>
        <meta charset="utf-8">
        <title>图文链接</title>
    </head>
    <body>
        <h1 align="center" >广州博物馆</h1>
        <a  href="https://www.guangzhoumuseum.cn/website_cn/Web/
MainPage/Index.aspx" target="_blank"><img src="imag/05.jpg" alt="广州博物馆"
width="600px" border="2" vspace="60" hspace="20" align="left"/></a>
        <p>
        <a href="https://www.guangzhoumuseum.cn/website_cn/Web/MainPage/
Index.aspx" target="_blank">广州博物馆</a>肇建于1929年，是广东省乃至国内为数不多的
早期博物馆之一，馆址位于全国重点文物保护单位镇海楼。广州博物馆是华南首座博物馆，它的创建
是中国博物馆发展史上的一件大事，对岭南地区文化事业发展具有重大意义。广州博物馆一直是华南地
区的重要博物馆之一，虽曾几易其名，但不管名称如何变换，其服务和影响力都不仅限于广州一地，以
“广东为范围，以广州为重点”，其收藏、展览、科研等诸项业务工作均基于此而依次展开，并发展成
为一座收藏、研究、展示、宣传广州历史文化的地志性综合博物馆。
        </p>
        <p>
        今天，广州博物馆已是一座国家一级博物馆，名列全国爱国主义教育基地、广东省爱国
主义教育基地、广州市爱国主义教育基地。
        </p>
        <cite>
        摘自《广州博物馆》网站内容
        </cite>
    </body>
</html>
```

技巧与提高

超链接是网页中用于从一个页面跳转到另一个页面或资源的重要元素。使用描述性的锚文本，让用户知道单击链接后将访问的内容或目的地。使用 target="_blank" 在新标签页中打开链接，但要谨慎使用，以免影响用户体验和 SEO（search engine optimization，搜索引擎优化）。

项目评价

班级：　　　　小组：　　　　姓名：　　　　学号：　　　　综合评分：

序　号	任务内容	实施结果自评	小组互评
1	文本标记的创建，创建招聘页面		
2	在招聘页面新增语义化结构元素		
3	使用列表元素制作网页中的新闻页面		
4	使用图片和超链接制作新闻页面		

项目三

“广东红色文化”主题网站制作——CSS语言基础

项目导读

小丁团队学会了使用HTML的文本类、图片、超链接标签和列表元素完成新闻页面和新闻列表页面的制作，但是HTML本身只能给这些元素一个基本的样子，团队觉得页面在视觉上不够美观。本项目介绍通过CSS样式对项目二的页面进行美化（如字号、颜色、图片、超链接等），让网页变得更加美观、易读和好用。

学习目标

知识传递

- 了解CSS样式表的概念及基本语法
- 掌握页面中使用CSS的三种方式
- 了解CSS选择器命名规范及优先级计算原理
- 熟练掌握CSS选择器命名规范及优先级

能力培养

- 学会使用CSS样式中常用的选择器
- 能够使用CSS对网页中文字段落进行美化
- 能使用列表标记元素进行新闻页面的设计及美化

价值引领

- 领悟文化审美多样性

在学习CSS控制网页外观样式的过程中，引导学生去探究不同设计风格背后隐藏的文化内涵，体会审美观念存在的多样性，拓宽学生的文化视野与审美认知，设计风格与文化、审美之间的紧密联系，从而提升对多元文化和多样审美的理解能力。

- 弘扬中华优秀传统文化元素

中国传统色彩（如红色、黄色等）在民族特色网页设计中的运用体现了中国文化的魅力。通过案例设计引导学生认识到中华优秀传统文化元素在网页设计等现代场景中的价值，将这些富有深厚文化底蕴的元素融入合适的设计中，不断增强弘扬中华优秀传统文化的责任意识。

知识准备

一、CSS 基本语法

CSS（cascading style sheet，层叠样式表）通常称为 CSS 样式，主要用于设置 HTML 页面中的文本内容（如字体、大小、对齐方式等）、图片的外形（如宽高、边框样式、边距等）以及版面的布局等外观显示样式。CSS 设置的网页更加丰富多彩，布局更加灵活自如。简单理解：CSS 可以美化 HTML，让 HTML 更美观，让页面布局更简单。CSS 的价值：由 HTML 专注去做结构呈现，样式交给 CSS，即结构（HTML）与样式（CSS）相分离。目前大部分浏览器都支持 CSS 语言。

视频

CSS样式添加

（一）CSS 语法规则

使用 HTML 时，需要遵从一定的规范。CSS 亦如此，要想熟练使用 CSS 对网页进行修饰，首先需要了解 CSS 样式规则，具体语法格式如下：

```
选择器{属性1:属性值1; 属性2:属性值2; 属性3:属性值3;}
```

语法说明：

在上面的语法中，样式表主要由选择器、属性及值三部分组成。

（1）选择器是指定 CSS 样式的 HTML 标签，花括号内“{ }”是对该对象设置的具体样式。

（2）属性是 CSS 样式的控制中心，对于 HTML 中的标记，CSS 都提供了丰富的样式属性（如文本的颜色、大小、定位等）。

（3）属性和属性值之间用英文“:”分开，通常一个“属性 : 值”可以称为一个声明。

（4）CSS 规则构成：选择器、属性和值，如图 3.1 所示。

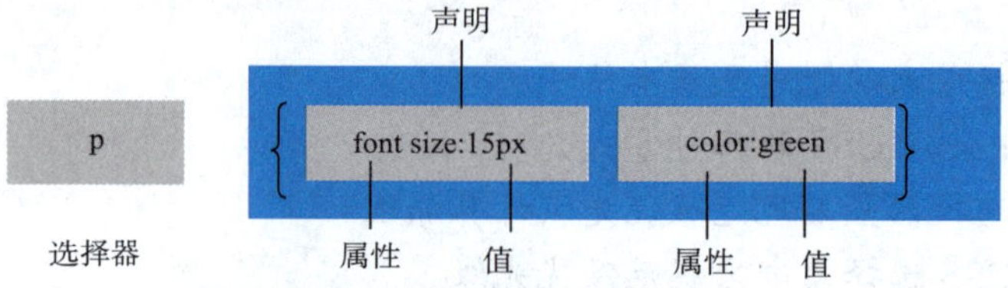

图 3.1　CSS 语法结构

注意：

（1）CSS 样式中的选择器严格区分大小写，属性和值不区分大小写，按照书写习惯“选择器、属性和值”一般采用小写。

（2）属性和值之间增加空格并不会影响 CSS 的效果，如 color:orange；与 color: orange；网页呈现的效果是一样的。在 CSS 代码中空格是不被解析的。

（3）在编写 CSS 代码时，为了提高代码的可读性，通常会加上 CSS 注释。

（二）使用 CSS 样式的方法

要在浏览器中显示 CSS 的效果，就需要浏览器识别并调用样式表，下面介绍常用的三种在页面中插入样式表的方法：行内样式、内嵌样式和链接样式。

1. 行内样式

行内样式又称内联样式，是最直接的一种方式，直接对标记的 style 属性设置元素的样式，其基本语法格式如下：

```
<标记名 style="属性1:属性值1; 属性2:属性值2; 属性3:属性值3;"> 内容 </标记名>
```

语法说明：

上面的语法中 style 是标记的属性，实际上任何 HTML 标记都拥有 style 属性，用来设置行内样式。其中属性和值的书写规范与 CSS 样式规则相同，行内样式只对其所在的标记及嵌套在其中的子标记起作用。

行内样式应用示例如下：

```
<!DOCTYPE html>
<html>
    <head>
        <meta charset="utf-8">
        <title>行内样式</title>
    </head>
    <body>
        <p style="color: red; font-size: 25px;">行内样式1</p>
        <p style="color: orange;font-style: italic;">行内样式2</p>
        <p style="color: blue ;font-weight: bolder;">行内样式3</p>
    </body>
</html>
```

在 Chrome 浏览器中的运行效果如图 3.2 所示。

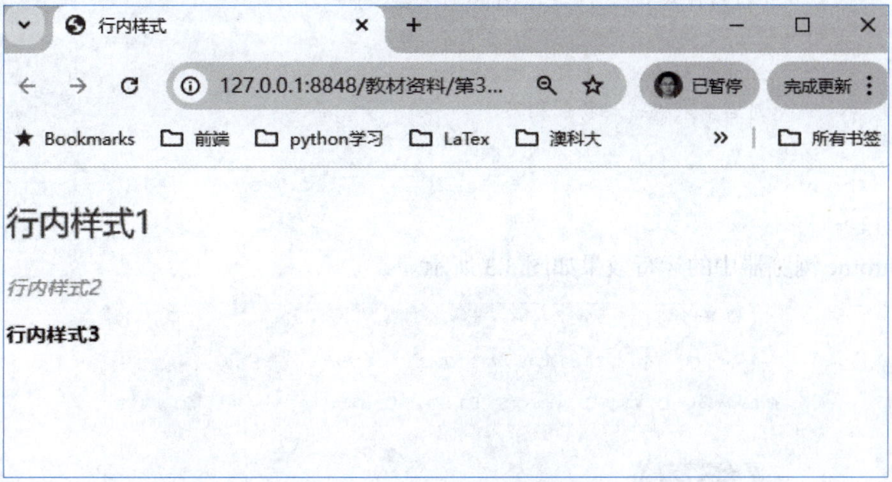

图 3.2　行内样式运行效果

图 3.2 中的三个 <p> 标记都使用了 style 属性，并且设置了不同的 CSS 行内样式，这三个样式之间都独立显示效果，互不影响。但相同的效果都要为每个标记设置 style 属性，并没有很好地实现表现与内容的分离，会使得网页过“胖”，不符合代码的简洁性、健壮性的特点，且后期的维护成本过高，因此不推荐使用。

2. 内嵌样式

内嵌样式是将 CSS 代码集中写在 HTML 文档的 <head> 头部标记中，并用一对 <style></style> 标记定义，其基本语法格式如下：

```
<style type="text/css">
    选择器1 {属性1:属性值1; 属性2:属性值2; 属性3:属性值3;}
    选择器2 {属性1:属性值1; 属性2:属性值2; 属性3:属性值3;}
</style>
```

语法说明：

上面的语法中，通过 <style></style> 标记在头部 <head> 标记之间创建样式表，type 属性用于声明 <style> 标记的类型为“text/css”，在 HTML 5 中，该属性可以省略，在 <style> 标记内部，主要包括各种选择器及相对应的 CSS 声明。

行内样式和内嵌样式示例如下：

```
<!DOCTYPE html>
<html>
    <head>
        <meta charset="utf-8">
        <title>第一个CSS</title>
        <style type="text/css">
            p{color: blue;}            /* 内嵌样式定义字体 */
        </style>
    </head>
    <body>
        <h1 style="color: red; font-family: 黑体;">《相思》</h1>
        <!-- 行内样式颜色为红色，字体为黑体 -->
        <p>
            红豆生南国，春来发几枝。<br />
            愿君多采撷，此物最相思。
        </p>
    </body>
</html>
```

在 Chrome 浏览器中的运行效果如图 3.3 所示。

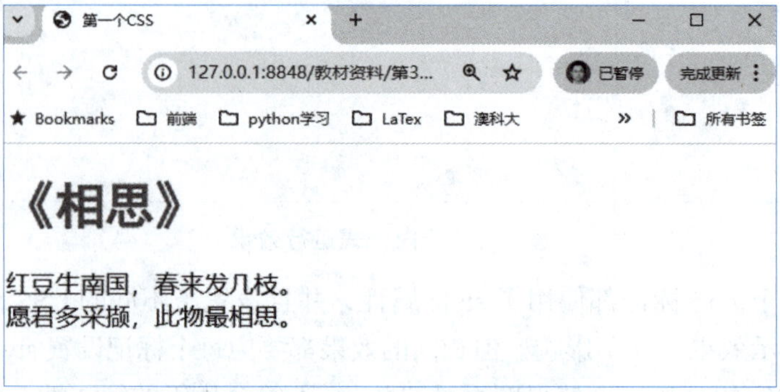

图 3.3 行内样式和内嵌样式运行效果

注意： 当不同的页面有相同的 < 标记 >，并且都要使用相同的风格时，内嵌样式也会显得代码冗余，仅适用于特殊页面设置单独的风格。

3. 链接样式

链接样式是将所有样式放在一个或多个以 .css 为扩展名的外部样式表文件中，通过 <link /> 标记将外部样式表文件链接到 HTML 文档中，其基本语法格式如下：

```
<link href="CSS文件的路径" type="text/css" rel="stylesheet" />
```

语法说明：

上面的语法中，<link/> 标记需要放在 <head> 头部标记中，并且必须指定 <link/> 标记的三个常用属性，见表 3.1。

表 3.1 <link/> 标记的三个常用属性

属性名	常用属性值	描述
href	URL	指定引用外部文件的地址，可以是相对路径，也可以是绝对路径
rel	stylesheet	表明当前文档和外部文档的关系，该属性值通常为 stylesheet，表示定义一个新的外部样式表
type	text/css	引用外部文档的类型为 CSS 样式表
	text/javascript	引用外部文档的类型为 CSS 脚本

下面通过一个链接样式示例链接到名称为“first.css”文件中，运行效果和图 3.3 的效果相同。CSS 文件代码如下：

```
h1{
    color: red;
    font-family: 黑体;
  }
p{
    color: blue;
    font-size: 13px;
  }
```

HTML 文件代码如下：

```
<!DOCTYPE html>
<html>
    <head>
        <meta charset="utf-8">
        <title>外部链接样式</title>
        <link href="../CSS/first.css" rel="stylesheet" type="text/css" />
    </head>
    <body>
        <h1>《相思》</h1>
        <p>
            红豆生南国，春来发几枝。<br />
            愿君多采撷，此物最相思。
        </p>
    </body>
</html>
```

提示：

（1）外部样式 .css 文件只需要选择器以及 CSS 声明，不需要 <style></style> 标记。

（2）可以通过多个单标记 <link> 来链接多个不同的 CSS 文件。

二、CSS 文字样式

在 HTML 中，无论是字号，还是图片的尺寸，通常会使用像素或百分比进行设置。在 CSS 中则有更多的选择，可以使用多种长度单位，它们主要分为两种类型：一种是相对类型；另一种是绝对类型。

（一）字号（font-size）

CSS 使用 font-size 属性定义字号，其基本语法格式如下：

```
font-size:绝对值|相对大小值|长度值|百分比
font-size: 12px;
font-size: 0.8em;
font-size: 80%;
```

语法说明：

（1）绝对大小：xx-small | x-small | small | medium | large | x-large | xx-large。

（2）相对大小：larger | smaller。

（3）长度值或百分比。

绝对大小根据对象字体进行调节，相对大小则是相对于父对象中字体尺寸进行相对调节，长度则是由浮点数字和单位标识符组成的长度值，使用的单位可以为 pt 代表点（1 点 =1/72 英寸）、px 代表像素、in 代表英寸等，其中浮点数字不能为负值。百分比取值是基于父对象中字体的尺寸。font-size 属性可以被设置为任何一个 HTML 标签，即使不能包含文本的标签也可以设置它。

1. 相对类型

1）em 单位

em 是 CSS 中的一个相对长度单位，它相对于当前对象内文本的字体尺寸。如果当前对象的字体尺寸未被人为设置，则相对于浏览器的默认字体尺寸，通常情况下这个默认尺寸是 16 像素（px）。目前大部分浏览器的默认字体大小都是 16 px，在这种情况下，1 em =1 × 16 px= 16 px。但要注意一点，em 作为尺度单位时是以 font-size 属性为参考依据的，如果没有 font-size 属性，就以浏览器默认的字符高度作为参考。进行弹性布局时，使用 em 单位各元素之间的尺寸比例始终不变。

2）rem 单位

rem 是 root em 的简称，表示设置以网页根元素（html）的字符高度为单位。因此可以只对 html 元素设置字体大小，其他元素用 rem 单位设置百分比大小，例如 h1{font-size:1.25rem}。一般情况下，浏览器默认的 1 rem 是 16 px。

3）vw 和 vh 单位

vw（viewport width）和 vh（viewport height）是 CSS 中用于响应式设计的视口单位，它们是 CSS 3 新增的单位。1 vw 等于视口宽度的 1%，1 vh 等于视口高度的 1%。例如，如果视口宽度为 800 px，那么 1 vw 等于 8 px。

4）像素（px）

px（像素）是计算机中表示图像长度的基础单位，它属于相对类型单位。1 024 × 768 px 分辨率的显示器中设置一幅图片的高为 100 px，当同样大小的显示器设置为 1 400 × 1 050 px 分辨率时，就会发现图片相对变小了，因为现在的 100 px 和前面的 100 px 所显示出的长度已经不同。当页面表示精确长度时，选择 px 作为单位比较合适。

2. 绝对类型

所谓“绝对”类型，就是无论显示设备的分辨率是多少，都代表相同的长度。例如，同一台显示器在 800 × 600 px 分辨率时设置一幅图片的高为 10 cm，当换成 1 024 × 768 px 分辨率时，图片还是同样的大小。绝对类型的长度单位见表 3.2。

表 3.2　CSS 绝对类型的绝对长度单位

长度单位名	说　明
in（英寸）	不是国际单位，极少使用
cm（厘米）	国际标准单位，较少使用
mm（毫米）	国际标准单位，较少使用
pt（点数）	基本的显示单位，较少使用

（二）字体粗细（font-weight）

在 HTML 中，可以通过 <b> 标签、<strong> 标签加粗字体，在 CSS 中，则通过 font-weight 属性控制字体的粗细，其基本语法格式如下：

```
font-weight: normal | bold | bolder | lighter |数值| inherit
```

语法说明：

上面的语法中，既可以用数值，也可以用关键字，具体见表 3.3。

表 3.3　font-weight 可用属性值

属　性　值	描　　述
normal	默认值（不加粗）
bold	定义粗体
lighter	比正常字体淡
100 ~ 900	400 等同于 normal，700 等同于 bold，数字后面不加单位

（三）字体样式（font-style）

字体风格就是字体样式，主要是设置字体是否为斜体，其基本语法格式如下：

```
font-style: normal | inherit | italic | oblique
```

语法说明：

在上面的语法中，默认值为 normal，具体见表 3.4。

表 3.4　font-style 可用属性值

属　性　值	描　　述
normal	常规显示
inherit	从父元素继承字体样式
italic（斜体）	表示一个斜体的字体样式
oblique（倾斜）	表示一个倾斜的字体样式

（四）设置字体（font-family）

设置字体的基本语法格式如下：

```
font-family:{字体1,字体2,字体3,}
```

font-family 属性用于设置字体，并且可以指定一种或者多种字体，按照一定的优先级依次设置，字体之间通过英文“,”分隔，第一种字体之后的都称为备选字体，浏览器会根据字体的设置次序依次选择，如果计算机中没有安装最前面的字体，则会尝试后面设置的字体；如果全都没有，则会使用默认字体。

```
<!DOCTYPE html>
<html>
    <head>
        <meta charset="utf-8">
        <title>字体样式</title>
        <style type="text/css">
            p{font-family:FangSong,geneva ;}        /*第二种字体为备用字体*/
        </style>
    </head>
    <body>
        <h3>在红色文化沃土深耕</h3>
        <p>
        以史为鉴，开创未来。我们要继续从党史中汲取精神滋养，把党史学习教育成效转化为
        奋进新征程、建功新时代的动力，为党和国家贡献力量。
        </p>
        <cite>摘自《党史学习教育官网》</cite>
    </body>
</html>
```

在 Chrome 浏览器中的运行效果如图 3.4 所示。

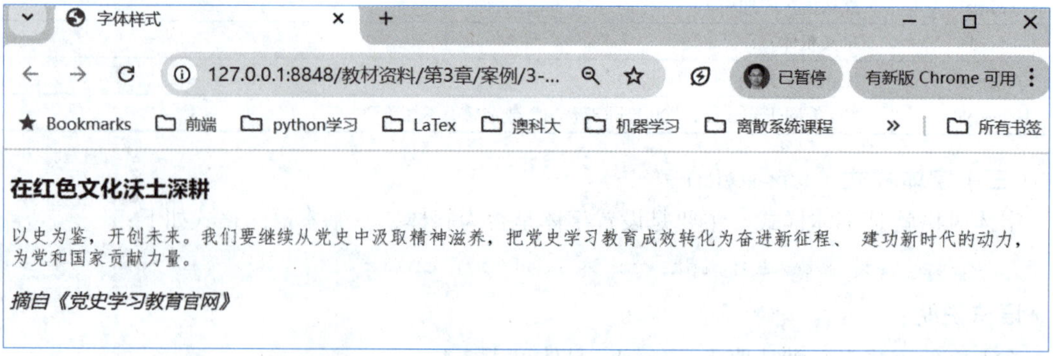

图 3.4　字体（font-family）设置效果

（五）@font-face 属性

客户端计算机并没有安装网页中设置的字体，就不能正常显示文字。font-face 是 CSS 3 中允许使用自定义字体的一个模块，把自己定义的 Web 字体嵌入指定网页中，满足客户端因为字体不足而不能正确显示网页中文字的需要。其基本语法格式如下：

```
@font-face{font-family:name;src:<url>;srules}
```

语法说明：

@font-face 属性有三个参数：font-family 参数用于设置字体名称；src 参数使用绝对或相对地址指定 OpenType 字体；srules 参数设置样式表定义。

@font-face 属性示例如下：

```
<!DOCTYPE html>
<html>
    <head>
        <meta charset="utf-8">
        <title>font-face属性</title>
        <style type="text/css">
            @font-face {
                font-family:myfont;
                src: url(../fonts/FZJZJW.ttf);
            }
            h3{font-family: myfont;
                color: red;
            }
        </style>
    </head>
    <body>
        <h3>在红色文化沃土深耕</h3>
        <p>
        以史为鉴，开创未来。我们要继续从党史中汲取精神滋养，把党史学习教育成效转化为
        奋进新征程、 建功新时代的动力，为党和国家贡献力量。
        </p>
        <cite>摘自《党史学习教育官网》</cite>
    </body>
</html>
```

在 Chrome 浏览器显示运行效果如图 3.5 所示。

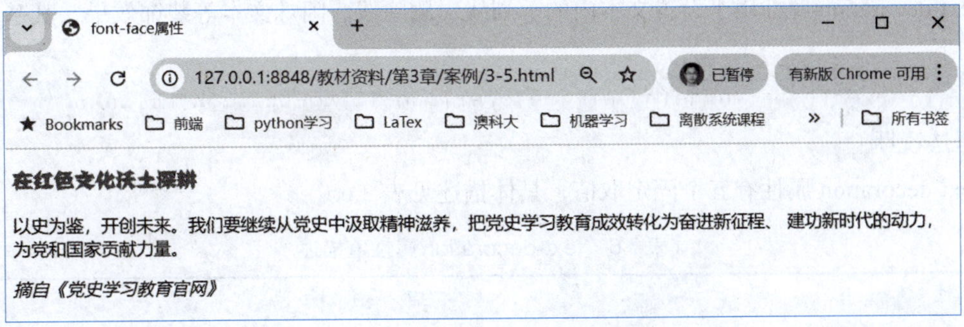

图 3.5 @font-face 属性效果

视频

文本属性

三、CSS 文本属性

（一）文本颜色（color）

color 属性定义了文本的颜色，其基本语法格式如下：

```
text-align: <color_name>|<hex_number>|<rgb_number>;
```

语法说明：

CSS 文本颜色主要属性值描述见表 3.5。

表 3.5　CSS 文本颜色主要属性值描述

属性值	描述
color_name	颜色值为英文名称，如 red
hex_number	颜色值为十六进制值的颜色，如 #fe0400
rgb_number	颜色值为 rgb 代码的颜色，如 rgb(150,36,79)

提示： 所有浏览器都支持上述三种表达颜色的方法，低版本浏览器尚不支持 rgba（r, g, b, a），支持 rgba（r, g, b, a）的浏览器有 IE 9+、Firefox 3+、Chrome、Safari 和 Opera 10+。

（二）文本对齐（text-align）

text-align 属性用于设置文本内容的水平对齐，相当于 HTML 5 中的 align 对齐属性，如居中对齐、左对齐、右对齐等。其基本语法格式如下：

```
text-align: left|right|center|justify|start|end;
```

语法说明：

text-align 属性用于文本水平对齐的参数取值包括 left（左对齐）、right（右对齐）、center（居中对齐）和 justify（两端对齐）。其中 justify 值目前只有 Firefox 浏览器支持得比较好。

注意： text-align 仅适用于块级元素属性，对行内元素无效，只能用于 <ul>、<p>、<div> 等标签，如需要对图像设置水平对齐，可以在 <img /> 标记外面添加一个父标记，如 <p> 或 <div> 标记，设置标记的 text-align 属性实现水平对齐。

（三）文本修饰（text-decoration）

text-decoration 属性用于设置文本内的下划线、删除线、闪烁文本等装饰效果，其基本语法格式如下：

```
text-decoration: none|underline|overline |line-through| blink;
```

语法说明：

text-decoration 属性有五个固定取值，具体描述见表 3.6。

表 3.6　text-decoration 属性值描述

属性值	描述
none	文字无修饰
underline	指定文字添加下划线
overline	指定文字添加上划线
line-through	指定文字添加贯穿线
blink	指定文字闪烁，当前仅 Firefox 和 Opera 浏览器支持该参数值

（四）文本阴影（text-shadow）

text-shadow 属性用于为文本添加阴影效果或者模糊效果，该属性是 CSS 3 的新增属性。其基本语法格式如下：

```
text-shadow: h-shadow v-shadow blur color;
```

语法说明：

text-shadow 各属性值描述见表 3.7。

表 3.7 text-shadow 属性值描述

属 性 值	描 述
h-shadow	水平阴影偏移量，必须填写，一般用像素 px，允许负值
v-shadow	垂直阴影偏移量，必须填写，一般用像素 px，允许负值
blur	阴影模糊的距离，可选填写
color	阴影的颜色，可选填写

（五）文本缩进（text-indent）

text- indent 属性用于设置文本段落的第一行内容的缩进，其基本语法格式如下：

```
text-indent: normal|<percentage>;
```

语法说明：

其属性可以为不同单位的数值（如 em 表示字符宽度的倍数），也可以用百分比 %，允许用负值，建议使用 em 设置单位。

（六）文本换行（word-wrap）

word-wrap 属性允许内容过长时自动换行。

```
Word-wrap: normal|break-world;
```

语法说明：

word-wrap 属性有两个固定取值。normal 为默认值，表示允许断字点换行；break-word 值在长单词或 URL 地址内部进行换行。

（七）行间距（line-height）

line-height 属性用于设置行间距（行高）。

```
line-height: normal |<length>|<number>|<percentage>;
```

语法说明：

（1）参数 normal 表示默认行高，可不设置；

（2）参数 length 为长度值，常用单位为像素 px、相对值 em ；

（3）参数 number 为数字值，不允许设置负值；

（4）参数 percentage 为百分比 %，基于当前尺寸的百分比。

（八）单词间距（word-spacing）

word-spacing 属性用于设置每个英文单词之间的距离，不包括中文，允许设置负值，默认为 normal，其基本语法格式如下：

```
word-spacing: normal |<length>;
```

语法说明：

参数 normal 表示默认字间距，可不设置；参数 length 为单词间距，设置为负数，单词变得紧密，如果为正数，单词间距变稀疏。

（九）字符间距（letter-spacing）

letter-spacing 用于定义增加或减少字符间的空白（即字符间隔）。用法以及参数的设置和单词间距相似（word-spacing），其基本语法格式如下：

```
letter-spacing: normal |length;
```

语法说明：

参数 length 用于设置字符间隔。如果设置为负数，则字符间变得紧密；如果设置为正数，则会变得稀疏。如果不设置该属性或者设置为 normal，则为默认值 0。

四、CSS 的优先级

网页设计者在设计 CSS 时，同一个 HTML 元素的某个属性有可能被定义多次（如内联样式和内部样式表中同时对元素 p 定义了字体大小），这时浏览器会根据定义样式的不同方式设置优先级。

视频

CSS高级特性

一般来说，浏览器会按照以下方式决定样式的优先级。

（1）行内样式（在 HTML 元素内部）。

（2）内嵌样式（位于 <head> 标记内部）。

（3）链接样式。

（4）浏览器默认设置。

从上面的顺序可以看出，HTML 元素内部的样式是优先级最高的。也就是说如果在 <head> 内部定义了一个 p 元素的样式，然后在 p 元素内部又定义了一个行内样式，最终浏览器会显示行内样式设置的效果。

CSS 优先级应用示例如下：

```
<!DOCTYPE html>
<html>
    <head>
        <meta charset="utf-8">
        <title>CSS优先级</title>
        <style type="text/css">
            p{color: yellowgreen;}          /*标记样式*/
            .color1{color: blue;}           /*class样式*/
            #color2{color: red;}            /*id样式*/
        </style>
    </head>
    <body>
        <p class="color1" id="color2" >猜猜我是什么颜色的字体? </p>
    </body>
</html>
```

在 Chrome 浏览器中的运行效果如图 3.6 所示。

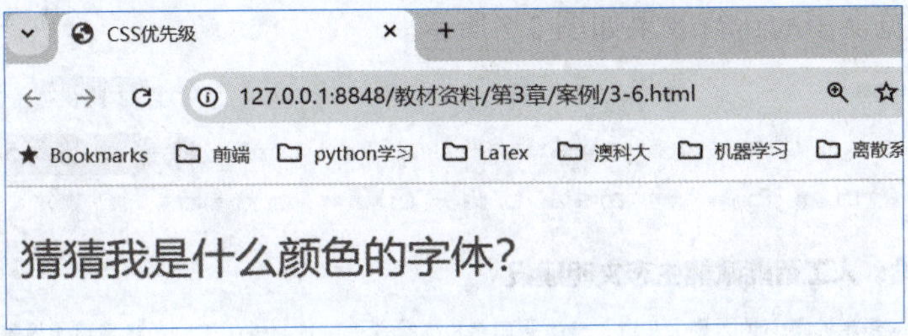

图 3.6 CSS 样式设置效果

在上面的案例中，使用不同的选择器对同一个元素设置文本颜色，浏览器会根据选择器的优先级解析 CSS 样式，因为 id 选择器 > class 选择器 > 标签选择器，所以结果为红色。

CSS 优先级法则：

（1）选择器都有一个权值，权值越大越优先。

（2）当权值相等时，后出现的样式表设置要优于先出现的样式表设置。

提示： 如果在内部样式表中定义了某个样式，但是内联样式中没有定义，此时 HTML 元素会按照内部样式表中的样式显示。只有冲突时才会按照高优先级的样式显示。

五、CSS 层叠性与继承性

（一）层叠性

层叠性是指多种 CSS 样式相互叠加。例如，当使用内嵌样式表定义 <h2> 标记为文本居中，链接样式定义 <h2> 标记颜色为红色，那么段落文本将显示为红色并居中，即这两种样式产生了叠加。

CSS 层叠性应用示例如下：

```
<!DOCTYPE html>
<html>
    <head>
        <meta charset="utf-8">
        <title>CSS层叠性</title>
        <style type="text/css">
            .one{font-size: 20px;}
                p{ font-family: simhei;
            color: red;}
        </style>
    </head>
    <body>
        <h2>人民来论：人工智能赋能生态文明建设</h2>
         <p  class="one">在海拔1500多米的泰山景区登山步道，一款银白色机械狗成为特
殊“挑山工”负责清运垃圾等工作；</p>
        <p>在黄山，无人机除了能够运输物资，还能够监测松林健康 </p>
        <cite>摘自《人民网》</cite>
    </body>
</html>
```

在 Chrome 浏览器中的运行效果如图 3.7 所示。

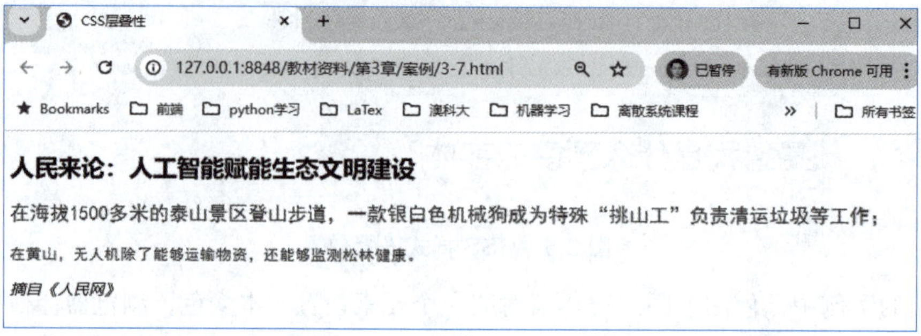

图 3.7　CSS 层叠样式效果

（二）继承性

CSS 的继承机制依赖于树状结构的“父子关系”，子类元素会继承父类的某些样式，如文本颜色和字号。例如，定义主体元素 body 的字体样式为“宋体”，那么页面中所有的文本系列都将显示为“宋体”，因为其他标记都是嵌套在 <body> 标记中的子标记。

并不是所有的 CSS 属性都可以继承，例如，边框（border）、外边距（margin）、内边距（padding）和背景（background）等属性是不能继承的，这些属性在使用时都要单独定义。

- 盒子模型的属性：宽度、高度、内外边距、边框等。
- 背景属性：背景图片、颜色、位置等。
- 定位属性：浮动、清除浮动、定位 position 等。
- display 属性。
- 文本属性：vertical-align。
- <a> 标签的字体颜色不能被继承。

CSS 继承性应用示例如下：

```
<!DOCTYPE html>
<html>
    <head>
        <meta charset="utf-8">
        <title>CSS继承性</title>
        <style type="text/css">
            body{background-color:#FDEDEC ;
                color:red;
                font-size: 20px;              /*主体标记属性将被子元素继承*/
            }
            div{
                font-style: italic;
            }
            ul{text-decoration: underline;}
        </style>
    </head>
    <body>
        <h2>人民日报重要言论</h2>
```

```
        <div> 人民网评
            <ul>
                <li>人民网评：人工智能人才培养要从青少年抓起</li>
                <li>人民网评：坚定宪法自信 走好自己的路</li>
                <li>人民网评：大力弘扬艰苦奋斗、勤俭节约精神</li>
            </ul>
        </div>
    </body>
</html>
```

在 Chrome 浏览器显示运行效果如图 3.8 所示：

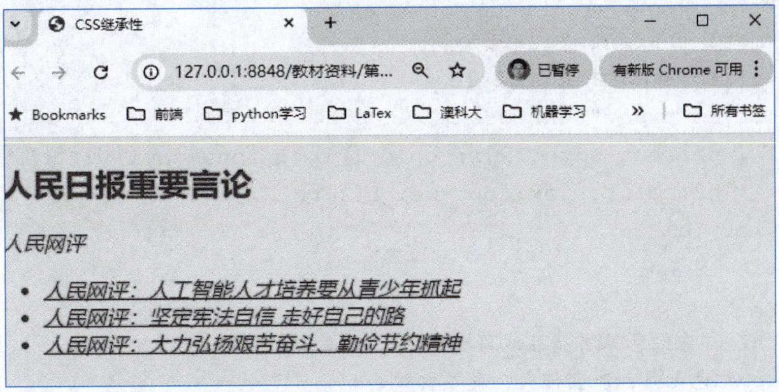

图 3.8 CSS 继承性样式效果

在上面的案例中，设置背景颜色值为“#FDEDEC”，文本颜色为红色，这些样式将被整个 body 的子孙元素继承，<body>、<div>、<ul>、<li> 四层元素依次嵌套，每个元素都能继承其父元素的全部样式，同时也可以设置自己的样式。

注意：当为 body 元素设置字号属性时，<h1> ~ <h6> 标题文本元素的字体大小是不能被继承的，标题文本之所以不采用 body 元素设置的字号，是因为标题标记有默认字体大小样式，字体大小覆盖了继承的字号。当元素从父级继承的属性与自身的属性发生冲突的时候，浏览器会优先显示元素自身的属性。

六、CSS 基础选择器

随着 CSS 的发展，CSS 已经能够提供大量的选择器让设计者进行选择，尤其是 CSS 3 中新增了大量的选择器。这里主要介绍 CSS 中最常用的基础选择器（其他选择器将在项目四中介绍）。

（一）标记选择器

标记选择器是指用 HTML 标记名称作为选择器，按标记名称分类，为页面中某一类标记指定统一的 CSS 样式。其基本语法格式如下：

```
标记名{属性1:属性值1; 属性2:属性值2; 属性3:属性值3; }
```

标记选择器（元素选择器）是指用 HTML 标记名称作为选择器，按标签名称分类，为页面中某一类标签指定统一的 CSS 样式。

视 频

CSS基础选择器

语法说明：

所有 HTML 标记名称都可以作为标记选择器，如 body、h1、p、strong 等。用标记选择器定义的样式对页面中该类型标记设置的所有元素都生效。

```
p{ font-size:12px; color:red; font-family:"微软雅黑";}
```

对于上面的 <p> 标记选择器，页面中所有 <p> 标记都会应用字体大小为 12 像素、文字颜色为红色、字体为“微软雅黑”的风格。

行内标记应用示例如下：

```
<!DOCTYPE html>
<html>
    <head>
        <meta charset="utf-8">
        <title>标记选择器</title>
        <style type="text/css">
            p{ font-size:12px; color:blue; font-family:"微软雅黑";}
            h2{color: red;font-weight: bold;}
        </style>
    </head>
    <body>
        <h2>广东红色旅游精品线路</h2>
        <p>红色七月，流金似火，炙热初心</p>
        <p>“粤游粤红——首届广东红色旅游季”正在如火如荼开展</p>
    </body>
</html>
```

浏览器中的运行效果如图 3.9 所示。

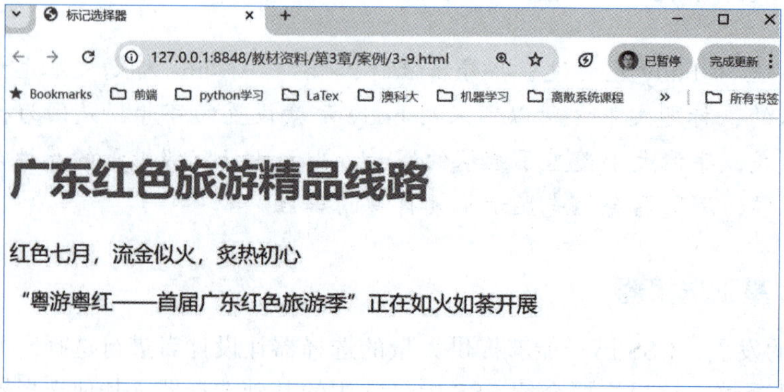

图 3.9　行内样式效果

（二）类选择器

类选择器使用“.”（英文点号）进行标识，后面紧跟类名，其基本语法格式如下：

```
类名{属性1:属性值1; 属性2:属性值2; 属性3:属性值3; }
```

语法说明：

在上面的语法中，类名即为 HTML 元素中 class 属性值，其中，小圆点“.”不能省略，大多数 HTML 元素都可以定义 class 属性。类选择器最大的优势是可以为元素对象定义单独或相同的样式，class 属性可以重复使用多次。

不同的标记元素可以调用同一个 class 类选择器。class 类选择器应用示例如下：

```
<!DOCTYPE html>
<html>
    <head>
        <meta charset="utf-8">
        <title>类选择器</title>
        <style type="text/css">
            .one{font-size: 14px;
                    color: red;
                }
        </style>
    </head>
    <body>
        <h2 class="one">赠汪伦</h2>
        <p class="one">李白乘舟将欲行，</p>
        <p>忽闻岸上踏歌声。</p>
        <p class="one">桃花潭水深千尺，</p>
        <p>不及汪伦送我情。</p>
    </body>
</html>
```

浏览器中的运行效果如图 3.10 所示。

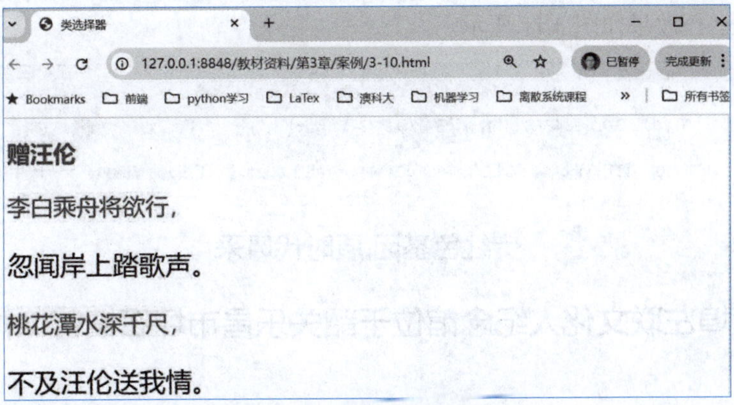

图 3.10　类选择器样式效果

提示：类的名称可以是任意英文单词或以英文开头与数字组合，一般以功能和效果命名，类选择器区分大小写，若定义样式使用选择器 .ONE，引用样式时用 class= ".one"，则样式无效。

（三）ID 选择器

ID 选择器就是针对元素的 ID 属性设置的选择器，元素的 ID 值在一个文档中是唯一的，其基本语法格式如下：

```
#id名{属性1:属性值1; 属性2:属性值2; 属性3:属性值3; }
```

语法说明：

上面的语法要求定义 ID 选择器要在元素 ID 属性加上“#”号，后面紧跟 id 名。和 class 类选择器不同的是，class 类选择器可以适用于多个元素，而 ID 选择器只适用于 ID 属性值与选择器名称一样的元素。

ID 选择器应用示例如下：

```
<!DOCTYPE html>
<html>
    <head>
        <meta charset="utf-8">
        <title>基础选择器之ID选择器</title>
        <style type="text/css">
            #one{font-size: 14px;
                color: blue;
                text-align: center;
            }
        </style>
    </head>
    <body>
        <p id="one">传红色基因,展时代风采</p>
        <p>坪石管埠左联文化人纪念馆位于韶关乐昌市坪石镇管埠村</p>
    </body>
</html>
```

浏览器中的运行效果如图 3.11 所示。

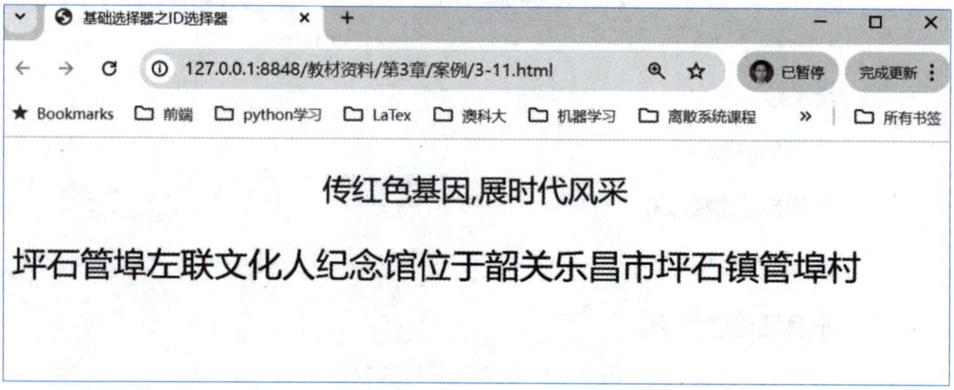

图 3.11　ID 选择器样式效果

提示： ID 的名称可以是任意英文单词或以英文开头与数字组合，一般以功能和效果命名，ID 选择器区分大小写，id 属性只能在每个 HTML 文档中出现一次。

（四）通用选择器（通配符）

通用选择器是一种特殊的选择符，用“*”定义页面所有元素的样式，能自动匹配页面中所有的元素使用样式，通用选择器基本语法格式如下：

```
*{属性1:属性值1; 属性2:属性值2; 属性3:属性值3; }
```

语法说明：

其中“*”代表所有网页元素。通用选择器应用示例如下：

```
<!DOCTYPE html>
<html>
    <head>
        <meta charset="utf-8">
        <title>通用选择器</title>
        <style type="text/css">
            *{font-size: 20px;
                color: red;}
            #special{font-size:12px;font-style:italic;}
        </style>
    </head>
    <body>
<p>粤港澳三地美术家共绘“英雄花开”</p>
         <p id="special">来自粤港澳三地的40位知名美术家齐聚一堂，以木棉为媒、以画
笔为剑，通过艺术创作深度诠释红色文化内涵，为2025广州传承弘扬红色文化系列活动注入鲜活的艺术
力量。
        </p>
    </body>
</html>
```

浏览器中的运行效果如图 3.12 所示。

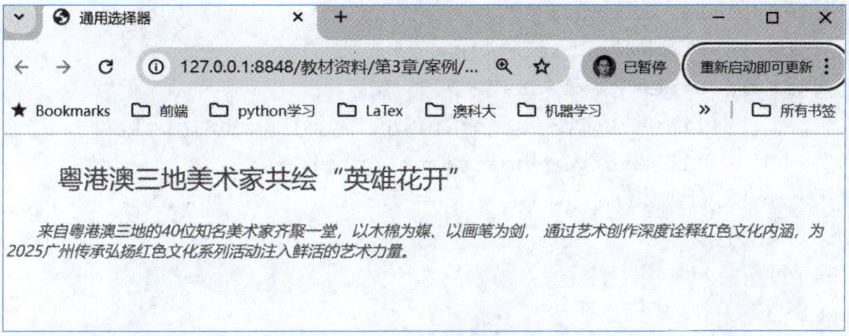

图 3.12　通用选择器样式效果

七、CSS 设置列表样式

网页中的新闻页面经常会用到有序列表 <ol> 和无序列表 <ul> 标记等元素，引入 CSS 后，列表被赋予很多新的属性，列表属性设置经常用于横向导航菜单、竖向菜单、新闻列表、商品分类列表等展示有规律的场景。下面介绍主要项目列表的基本 CSS 属性，包括列表的编号、缩进、列表图表和位置等。

CSS 列表通过四个属性来设置列表样式，分别是 list-style-type、list-style-image、list-style-position 和 list-style。下面分别介绍这四个属性。

视频　用CSS样式美化新闻列表

（一）list-style-type

list-style-type 属性设置列表项标记的类型，常用的属性值见表 3.8。

表 3.8　list-style-type 常用属性值

值	说　明	语法示例	图示示例
none	不使用项目符号	list-style-type:none	咖啡 牛奶
disc	默认值，实心圆	list-style-type:disc	• 咖啡 • 牛奶
circle	空心圆	list-style-type: circle	◦ 咖啡 ◦ 牛奶
square	实心方块	list-style-type: square	■ 咖啡 ■ 牛奶
lower-roman	小写罗马数字	list-style-type: lower-roman	i. 咖啡 ii. 牛奶
upper-roman	大写罗马数字	list-style-type: upper-roman	Ⅰ. 咖啡 Ⅱ. 牛奶

（二）list-style-image

list-style-image 属性是使用图像来替换列表项的标记，当设置了 list-style-image 属性后，list-style-type 属性都将不起作用，页面中仅显示图像标记。但是在实际网页制作中，为了防止个别浏览器可能不支持 list-style-image 属性，都会设置一个 list-style-type 属性以防图像不可用。

图像设置为列表中的项目标记示例如下：

```
<!DOCTYPE html>
<html>
    <head>
        <meta charset="utf-8">
        <title>列表属性</title>
        <style type="text/css">
            li{list-style-image: url(../img/arrow.jpg);
                list-style-position: outside;
            }
        </style>
    </head>
    <body>
        <ul>
            <li>广州起义纪念馆</li>
            <li>黄花岗公园</li>
        </ul>
    </body>
</html>
```

浏览器显示运行效果如图 3.13 所示。

（三）list-style-position

list-style-position 属性设置在何处放置列表项标记，它有两个值，即 inside 和 outside。inside 表示项目标记放置在文本以内，且环绕文本根据标记对齐；outside 是默认值，它保持标记位于文本的左侧，列表项标记放置在文本以外，且环绕文本不根据标记对齐。例如，图 3.13 中代码在文本左侧，代码如下：

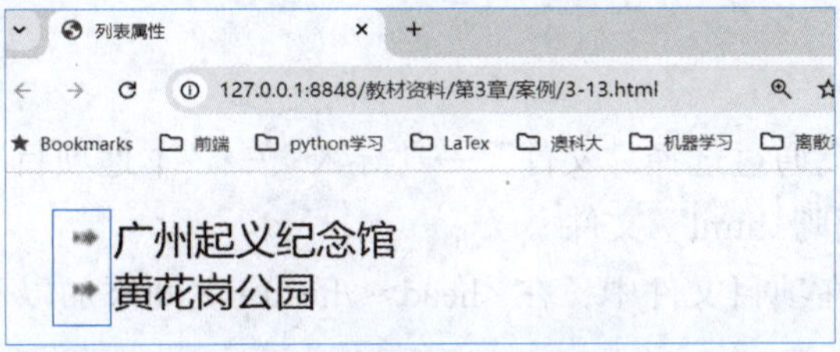

图 3.13　图像列表样式效果

```
li{
    list-style-image: url(../img/arrow.jpg);
    list-style-position: inside;
}
```

（四）list-style

设置列表样式也有简写属性。list-style 简写属性表示在一个声明中设置所有列表的属性。list-style 简写按照 list-style-type → list-style-position → list-style-image 顺序设置属性值。例如，上面的代码可简写如下：

```
li{
    list-style: circle outside url(../img/arrow.jpg);
}
```

任务一　使用文本段落标记元素及CSS样式完成招聘页面的制作

任务描述

小丁团队在项目二中已完成了“招聘 .html”文件，但只完成了文本段落的制作，他将继续对该文件进行字体（如颜色、大小、对齐等）的设置，通过 CSS 样式强调页面中不同元素的重要元素和层次结构，提高视觉层次。

任务展示

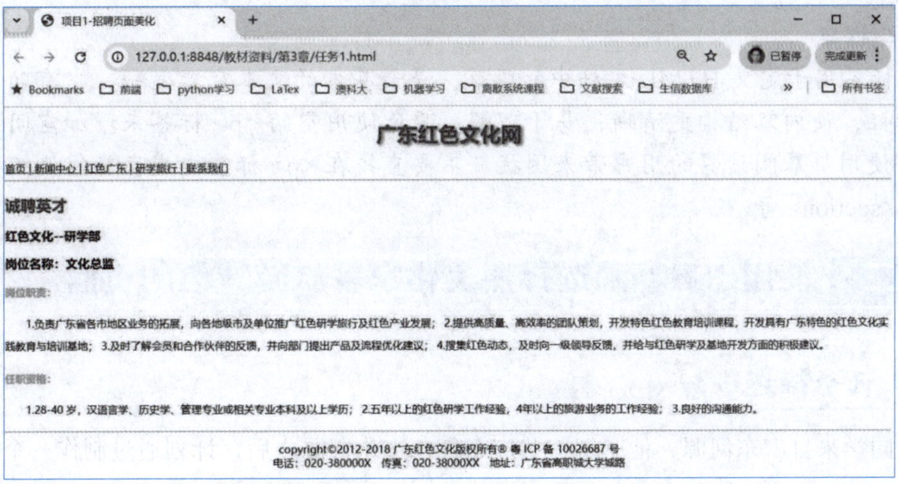

任务实施

1.【导入已创建项目】通过选择“文件”→“导入”→“本地项目”命令打开“广东省红色文化网站”项目中的“招聘 .html”文件。

2.【新建内嵌样式】在项目文件中，在 <head></head> 之间添加以下代码：

```
<style type="text/css">
    h1{
        color: #DC143C;                    /*标题文字颜色*/
        text-align: center;                /*文字居中*/
        text-shadow: 3px 3px 4px #999;     /*文字阴影*/
    }
    body{
        color: blue;
    }
</style>
```

3.【新建外部链接样式】新建“招聘 .css”，在 <head></head> 之间添加 <link rel="stylesheet" href="css/ 招聘 .css" type="text/css" /> 代码。给“招聘 .css”文件添加以下代码：

```
h4{
    color: orange;                         /*标题文字颜色*/
    text-align: left;                      /*标题左对齐*/
}
h2{
    color: red;                            /*标题文字颜色*/
}
footer{
    text-align: center;
    color: #000000;
}
```

4.【新建各种行内样式】在 <body></body> 之间，在标签之间添加行内样式，代码如下：

```
<p style="color: #000000;line-height: 35px; text-indent: 2em;" >
```

技巧与提高

<p> 标签用于定义 HTML 文档中的段落，是最基本的文本容器之一。它有助于提高文档的可读性，使内容结构更清晰，易于理解。避免使用空的 <p> 标签来增加空间，因为这可能会给使用屏幕阅读器的用户带来困扰。不要直接在 <p> 标签内嵌套其他块级标签，如 <div> 或 <section> 等。

任务二 使用CSS基础选择器美化家乡旅游特色的页面

任务描述

小丁同学来自广东河源，他了解一些广东红色文化资源之后，计划通过制作一个页面的方式展现“天上瑶池水、人间万绿湖”的文化旅游资源。请同学们思考一下自己的家乡有什么红色文化资源，收集“红色文化”素材，制作一个具有家乡地方特色的红色文化旅游页面。

任务展示

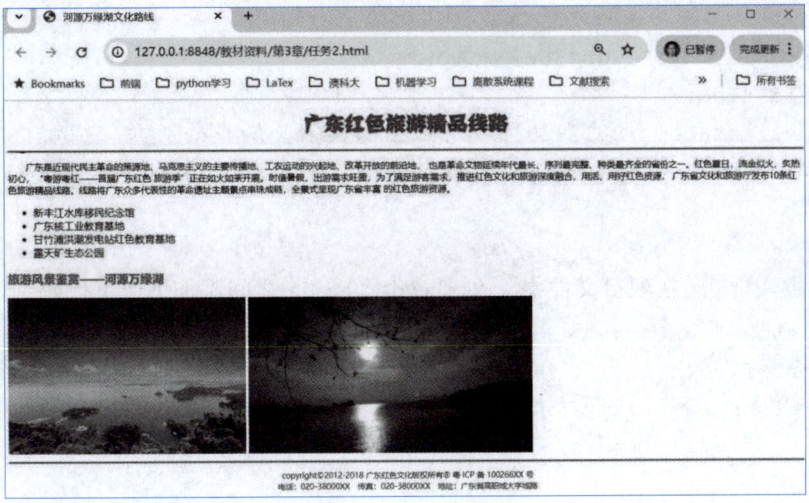

任务实施

1.【新建 HTML 文件】通过选择“文件”→“导入”→“本地项目”命令打开“广东省红色文化网站”项目，新建“家乡红色旅游精品路线 .html”文件。

2.【新建段落和图像标签】在 <body></body> 之间，添加 <h1></h1>、<h3></h3> 标题，段落 <p></p>，无序列表 <ul><li></li></ul>，图片标签 <img/>，页尾结构化标签 <footer></footer>。

3.【声明基础选择器样式】声明类的选择器和 ID 类型的选择器，添加以下代码：

```
<main>
    <h1>广东红色旅游精品线路</h1>
    <hr color="#FF0000" size="2px"/>
    <p class="description">
         广东是近现代民主革命的策源地、马克思主义的主要传播地、工农运动的兴起地、改革开放的前沿地，也是革命文物延续年代最长、序列最完整、种类最齐全的省份之一。红色夏日，流金似火，炙热初心，“粤游粤红——首届广东红色 旅游季”正在如火如荼开展。时值暑假，出游需求旺盛，为了满足游客需求，推进红色文化和旅游深度融合，用活、用好红色资源，广东省文化和旅游厅发布10条红色旅游精品线路。线路将广东众多代表性的革命遗址主题景点串珠成链，全景式呈现广东省丰富的红色旅游资源。
    </p>
    <ul class="list">
        <li>新丰江水库移民纪念馆</li>
        <li>广东核工业教育基地</li>
        <li>甘竹滩洪潮发电站红色教育基地</li>
        <li>露天矿生态公园</li>
```

```
    </ul>
    <h3>旅游风景鉴赏——河源万绿湖</h3>
        <img  src="img/万绿湖1.jpg" height="250px">
        <img src="img/万绿湖2.jpg" height="250px">
</main>
<footer>
    <hr color="#FF0000" size="2px" />
    <p id="footer">
    copyright&copy;2012-2018 广东红色文化版权所有&reg; ICP 备100266XX 号 <br/>
    电话：020-38000XX  传真：020-38000XX  地址：广东省高职城大学城路
    </p>
</footer>
```

4.【新建内嵌样式】在项目文件中，在 <head></head> 之间添加下以下代码：

```
<style type="text/css">
    @font-face{
        font-family:myfonts;               /*服务器字体名称*/
        src:url(./fonts/FZJZJW.TTF);       /*服务器字体名称*/
    }
    h1{
        color: red;
        text-align: center;
        font-family: myfonts;
    }
    .description {
        font-size: 14px;
        text-indent: 2em;
    }
    .list {
        color: blue;
    }
    h3{
        color: orangered;
    }
    #footer {
        color: #34495E;
        line-height: 1.5;
        text-align: center;
        font-size: 12px;
    }
</style>
```

5.【新建各种行内样式】在 <body></body> 之间，在标签之间添加行内样式，设置为红色线条：

```
<hr color="#FF0000" size="2px" />
```

技巧与提高

CSS 三种基础选择器的使用技巧：

（1）标记选择器可以快速地为同一类型的所有元素设置样式，标记选择器可以和类选择器、ID 选择器结合使用，以实现更精细的样式控制。

（2）类选择器采用有意义的类名可以提高代码的可读性和可维护性。例如，使用 nav - button 表示导航栏中的按钮，main - content - text 表示主要内容区域的文字。

（3）ID 选择器用于为页面上唯一的元素设置样式。ID 选择器在 JavaScript 中也非常有用。可以通过元素的 ID 获取该元素并添加交互行为。

任务三 使用CSS样式美化新闻列表页面

任务描述

小丁同学已经完成了“招聘页面”（项目二任务二）的标签页面制作，下面通过 CSS 样式美化新闻列表页面（如最新列表符号、字体颜色、缩进等）。

任务展示

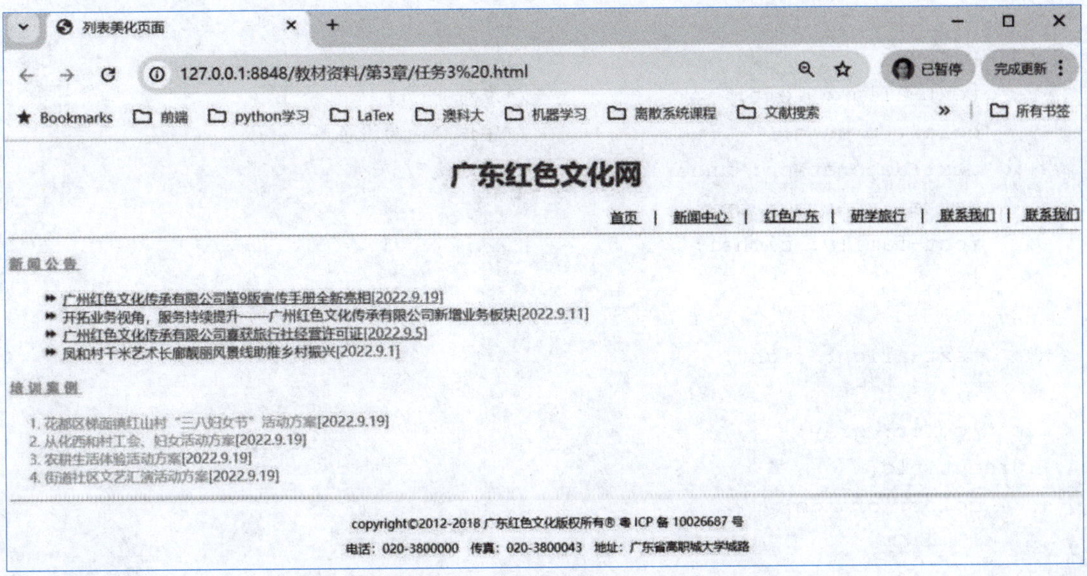

任务实施

1.【打开 HTML 文件】通过选择“文件”→“导入”→“本地项目”命令打开“广东省红色文化网站”项目，打开“新闻公告 .html”文件。

2.【声明基础选择器样式】在无序列表和有序列表声明类的选择器，参考以下代码：

```
    <ul class="company">
        <li class="text_undeline">广州红色文化传承有限公司第9版宣传手册全新亮相
<span>[2022.9.19]</span></li>
```

```
        <li>开拓业务视角，服务持续提升——广州红色文化传承有限公司新增业务板块
<span>[2022.9.11]</span></li>
        <li class="text_undeline">广州红色文化传承有限公司喜获旅行社经营许可证
<span>[2022.9.5]</span></li>
        <li>凤和村千米艺术长廊靓丽风景线助推乡村振兴<span>[2022.9.1]</span></li>
    </ul>
    <h4>培训案例</h4>
    <ol class="greentitle">
        <li>花都区梯面镇红山村“三八妇女节”活动方案<span>[2022.9.19]</span>
</li>
        <li>从化西和村工会、妇女活动方案<span>[2022.9.19]</span></li>
        <li>农耕生活体验活动方案<span>[2022.9.19]</span></li>
        <li>街道社区文艺汇演活动方案<span>[2022.9.19]</span></li>
    </ol>
```

3.【新建外部链接样式】在项目文件中，新建“list.css”，在 <head></head> 之间添加 <link rel="stylesheet" href="css/ 招聘 .css" type="text/css" /> 代码，list.css 文件参考代码如下：

```
h1{
    color: #FF0000;
    text-align: center;
}
h4{
    text-align: left;                    /*左对齐*/
    color: orange;                       /*字体颜色为橙色*/
    text-decoration: underline;          /*下划线*/
    letter-spacing: 5px;
    font-family: simhei;
}
nav{
    text-align: right;
}
span{color: gray;}
.greentitle{
    color: orange;
}
.company{
    color: #63F;
    list-style-image: url(../img/icon1.png);
    list-style-position: inside;
}
.technical{
    color:#C3F;
    list-style-type: upper-alpha;   /*大写字母 */
}
footer{
```

```
    line-height: 30px;
    text-align: center;
    font-size: 14px;
}

ul li.text_undeline{
    text-decoration: underline;     /*文字下划线 */
}
```

技巧与提高

<span> 标签可以与其他 HTML 标签组合使用，以创建更复杂的文本结构。通过列表定义一个导航菜单，使用简单的 none（无标记）并通过自定义图标或其他方式避免与传统的列表标记风格冲突，使菜单看起来更像是一个连贯的导航工具。使用自定义图像（list-style-image）代替默认的列表项标记，可以为列表增添具有主题风格的视觉效果。

项目评价

班级：　　　　小组：　　　　姓名：　　　　学号：　　　　综合评分：

序　号	任务内容	实施结果自评	小组互评
1	分别使用 CSS 样式的三种方式美化页面		
2	CSS 常用的文本属性（如字体颜色、大小等、文本对齐、文本阴影、缩进、下划线等）		
3	使用 CSS 基础选择器美化文本页面		
4	列表样式的美化（如项目编号、项目图片、字体大小等）		

项目四

“广东红色文化”主题网站制作——CSS 3高级选择器

项目导读

CSS 基础选择器是网页样式设计的核心组成部分，它们使开发者能够精准定位页面上的元素并进行相应的样式设计和网页布局。小丁学习了 CSS 基础选择器后，发现 CSS 还有些高级选择器（如属性选择器、伪类选择器、伪元素选择器、层次选择器等），他将根据页面的需求选择适合的选择器进行红色文化页面美化和进行页面布局。

学习目标

知识传递

- 了解属性选择器的基本语法
- 掌握层次选择器的用法
- 掌握 CSS 3 中伪类选择器和伪元素选择器的语法
- 掌握灵活使用复合选择器的用法

能力培养

- 能够根据特定的元素使用层次选择器
- 能够使用伪类选择器对网页中样式进行美化
- 能使用列表标记元素进行新闻页面的设计及美化

价值引领

- 倡导社会多元性与包容性

属性选择器可以根据元素的属性或属性值来选择元素，引导学生思考如何在设计中尊重和包容不同用户的需求和偏好，进而引申为正确理解社会多元性和包容性，体现社会的多元和谐。

- 传承精益求精工匠精神

伪类选择器实现动态交互效果。互联网经历了一个漫长的发展过程，早期的网页界面很简单，没有太多动态效果。随着技术人员和设计人员不断精益求精地改进代码，现在的网页有了丰富多彩的交互体验。

• 责任感与担当

伪类选择器如 :hover、:active、:focus 等可以根据用户的行为动态改变样式。动态行为可以联系到个人在社会中的行为和责任，强调每个人都应该对自己的行为负责，对社会有所担当。

知识准备

一、属性选择器

视频

属性选择器

在 CSS 中，可以根据选择器的类型，把选择器分为基础选择器和高级选择器（又称复合选择器），高级选择器是建立在基础选择器之上，对基础选择器进行组合形成的，高级选择器可以更准确、更高效地选择目标元素。

CSS 3 属性选择器是一种特定属性值元素的元素，基于元素的属性和属性值进行选择。它们使用方括号 [ ] 来表示，并可以与其他选择器结合使用。其基本语法格式如下：

```
属性名 [属性名 = 属性值（正则表达式）]
```

以下是一些常用的 CSS 3 属性选择器，属性选择器可以根据元素特定属性的来选择元素，这样就可以不用借助于类或者 id 选择器，下面是经常使用的 5 种属性选择器：

```
element[attr~="value"] {
    /* 用于选择那些在特定属性中包含指定单词的元素 */
}

element[attr="value"] {
    /* 用于选择带有指定属性和值的元素，属性和属性值必须完全匹配*/
}

element[attr^="value"] {
    /* 匹配属性值以指定 value 值开头的每个元素 */
}

element[attr$="value"] {
    /* 匹配属性值以指定 value 值结尾的每个元素 */
}

element[attr*="value"] {
    /* 匹配属性值中包含指定 value 值的每个元素 */
}
```

语法说明：

（1）element 是要选择的元素，可以是任何 HTML 元素，也可以使用通配符 “*” 选择所有元素。

（2）attr 是要匹配的属性名称。

（3）value 是要匹配的属性值，可以是具体的值或者是值的一部分。

不同的属性选择器可以根据需要选择具有特定属性及其值的元素，并为其应用相应的样式。

（一）E[attr] 属性选择器

E[attr] 属性选择器，选择匹配具有属性 attr 的 E 元素，其基本语法格式如下：

```
元素［属性］{属性1:属性值1; 属性2:属性值2; }
```

例如：

```
li[id] { background-color: red; }    /*表示把具有id属性的li找出来，添加对应样式*/
```

E[attr] 属性选择器应用示例如下：

```
<!DOCTYPE html>
<html>
    <head>
        <meta charset="utf-8">
        <title>E[attr]属性选择器</title>
        <style type="text/css">
            dd[class="major"]{color: blue;}
        </style>
    </head>
    <body>
        <dl>
            <dt>计算机相关专业
                <dd>人工智能技术应用专业</dd>
                <dd class="major">区块链技术应用专业</dd>
                <dd class="major">软件技术专业</dd>
            </dt>
        </dl>
    </body>
</html>
```

在 Chrome 浏览器中的运行效果如图 4.1 所示。

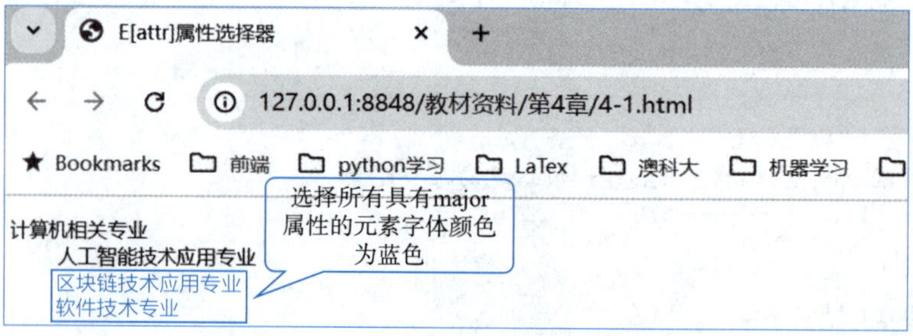

图 4.1　E[attr] 属性选择器应用效果

（二）E[attr*=val] 属性选择器

E[attr*=value] 属性选择器用于选择名称为 E 的标记，且该标记定义了 attr 属性，attr 属性值包含 value 的子字符串，其基本语法格式如下：

```
元素［属性*=值］{属性1:属性值1; 属性2:属性值2; }
```

例如：

```
p[class*=b] { background-color: red; } /* 表示把具有class属性值中含有字符b的所有p元素都找出来，添加对应样式 */
```

E[attr*=val] 属性选择器应用示例如下：

```
<!DOCTYPE html>
<html>
    <head>
        <meta charset="utf-8">
        <title>E[attr*=val]属性选择器</title>
        <style type="text/css">
            dd[id*=one]{color: blue;}       /*属性值中包含"one"字符串，字体都会
变成蓝色*/
        </style>
    </head>
    <body>
        <dl>
            <dt>计算机相关专业
                <dd id="two">人工智能技术应用专业</dd>
                <dd id="one1">区块链技术应用专业</dd>
                <dd id="one2">软件技术专业</dd>
                <dd id="newone">计算机网络专业</dd>
            </dt>
        </dl>
    </body>
</html>
```

在 Chrome 浏览器中的运行效果如图 4.2 所示。

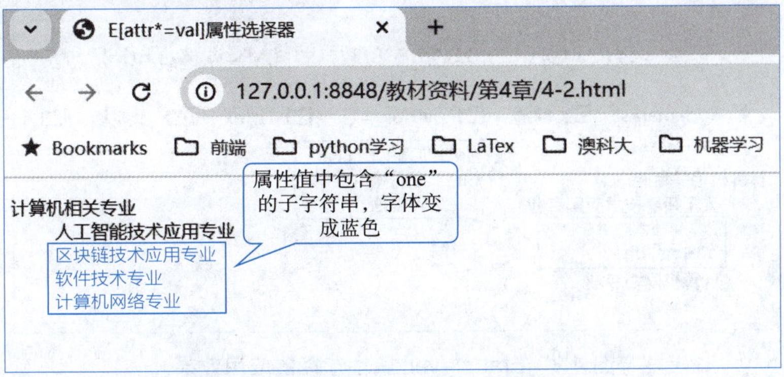

图 4.2　E[attr*] 属性选择器应用效果

（三）E[attr^=val] 属性选择器

E[attr^=val] 属性选择器是指选择名称为 E 的标记，且该标记定义了 attr 属性，attr 属性值包含前缀为 val 的子字符串，其基本语法格式如下：

```
元素[属性^=值]{属性1:属性值1; 属性2:属性值2; }
```

例如：

```
p[class^=b] { background-color: red; } /* 表示把具有class属性中前缀包含有字符
b的所有p元素都找出来，添加对应样式 */
```

E[attr^=val] 属性选择器应用示例如下：

```
<!DOCTYPE html>
<html>
    <head>
        <meta charset="utf-8">
        <title>E[attr^=val]属性选择器</title>
        <style type="text/css">
            dd[id^=one]{color: blue;}    /*属性值中包含前缀为"one"的子字符串，字体都会变成蓝色*/
        </style>
    </head>
    <body>
        <dl>
            <dt>计算机相关专业
                <dd id="two">人工智能技术应用专业</dd>
                <dd id="one1">区块链技术应用专业</dd>
                <dd id="one2">软件技术专业</dd>
                <dd id="newone">计算机网络专业</dd>
            </dt>
        </dl>
    </body>
</html>
```

在 Chrome 浏览器中的运行效果如图 4.3 所示。

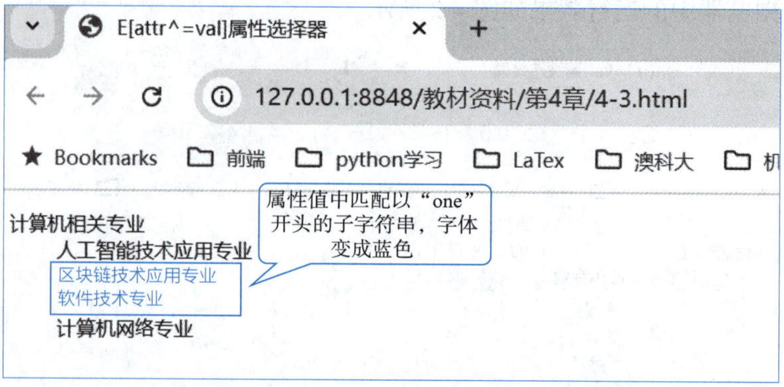

图 4.3　E[attr^=val] 属性选择器应用效果

（四）E[attr$=val] 属性选择器

E[attr$=val] 属性选择器是指选择名称为 E 的标记，且该标记定义了 attr 属性，attr 属性值包含后缀为 val 的子字符串。与 E[attr^=value] 属性选择器一样，E 元素可以省略，如果省略则表示可以匹配满足条件的任意元素，其基本语法格式如下：

```
元素［属性$=值］{属性1:属性值1; 属性2:属性值2; }
```

例如：

```
p[class$=b] { background-color: red; } /* 表示把具有class属性中后缀包含有字符b的所有p元素都找出来，添加对应样式 */
```

E[attr$=val] 属性选择器应用示例如下：

```
<!DOCTYPE html>
<html>
    <head>
        <meta charset="utf-8">
        <title>E[attr$=val]属性选择器</title>
        <style type="text/css">
            dd[id$=one]{color: blue;}    /*属性值中后缀包含"one"的子字符串，字
体都会变成蓝色*/
        </style>
    </head>
    <body>
        <dl>
            <dt>计算机相关专业
                <dd >人工智能技术应用专业</dd>
                <dd id="one1">区块链技术应用专业</dd>
                <dd id="demoone">软件技术专业</dd>
                <dd id="newone">计算机网络专业</dd>
            </dt>
        </dl>
    </body>
</html>
```

在 Chrome 浏览器中的运行效果如图 4.4 所示。

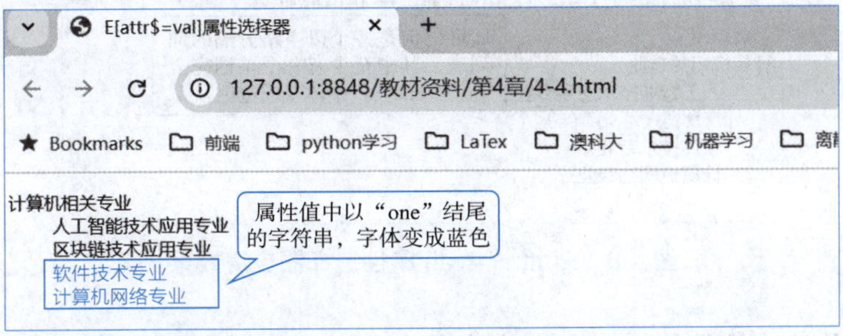

图 4.4　E[attr$=val] 属性选择器应用效果

（五）E[attr ~ =val] 属性选择器

E[attr ~ =val] 属性选择器是指选择名称为 E 的标记，且该标记定义了 attr 属性，这些元素拥有 attr 属性，并且 attr 属性的值是一个以空格分隔的单词列表，其中至少有一个单词完全等于 val。其基本语法格式如下：

```
元素[属性~=值]{属性1:属性值1; 属性2:属性值2; }
```

例如：

```
p[class~=b] { background-color: red; } /* 表示把class属性值中包含字母
“b” 的 <p> 元素的背景色设置为红色 */
```

E[attr ~ =val] 属性选择器应用示例如下：

```
<!DOCTYPE html>
<html>
```

```
    <head>
        <meta charset="utf-8">
        <title>E[attr~=val]属性选择器</title>
        <style type="text/css">
            dd[id~=one]{color: blue;} /*匹配具有特定属性且该属性值包含"one"
单词的元素*/
        </style>
    </head>
    <body>
        <dl>
            <dt>计算机相关专业
                <dd >人工智能技术应用专业</dd>
                <dd id="one two">区块链技术应用专业</dd>
                <dd id="demoone">软件技术专业</dd>
                <dd id="newone">计算机网络专业</dd>
            </dt>
        </dl>
    </body>
</html>
```

在 Chrome 浏览器中的运行效果如图 4.5 所示。

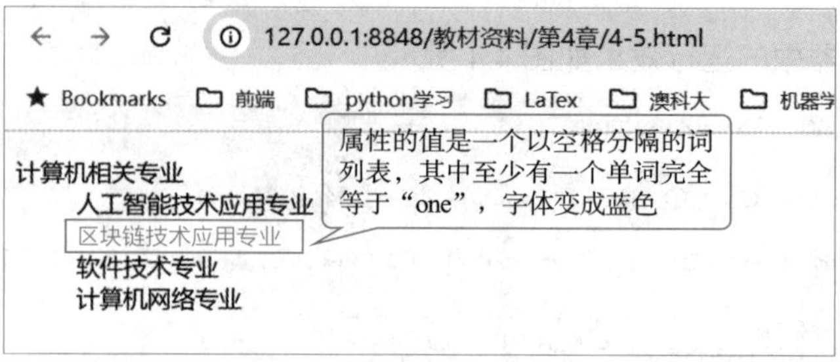

图 4.5　E[attr~=val] 属性选择器应用效果

总结：属性选择器是CSS中一种常见的选择器，用于根据元素的属性值选择元素。属性选择器可以根据元素的属性值、属性存在与否，或属性值的特定关系来选择元素。

（1）A[attr~=val]：选择那些在特定属性中包含指定单词的元素。该属性的值是一个由空格分隔的元素，至少有一个单词完全等于 "valuee"。

（2）A[attr=val]：选择匹配具有属性 attr 的 A 元素，并且属性值为 val（其中 val 区分大小写）。

（3）A[attr^="val"]：选择匹配元素 A，且 A 元素定义了属性 attr，其属性值是以 val 开头的任意字符串。

（4）A[attr$="val"]：选择匹配元素 A，且 A 元素定义了属性 attr，其属性值是以 val 结尾的任意字符串。

（5）A[attr*="val"]：选择匹配元素 A，且 A 元素定义了属性 attr，其属性值包含了 “val”。

二、伪类选择器及伪类元素

视 频

伪类选择器及伪类元素

CSS 是强大的网页设计工具，能快速调整页面样式而无须改动 HTML 结构。过度依赖 class、id 等属性会导致代码臃肿，而合理使用 CSS 选择器可以精准定位元素，减少冗余代码，使样式更灵活高效。此外，伪类（如交互状态）能动态控制样式，进一步减少对固定类名的依赖，让代码更简洁、语义化。

伪类选择器，顾名思义，是一种特殊的选择器，它用来选择 DOM 元素在特定状态下的样式。这些特定状态并不是由文档结构决定的，而是由用户行为（如点击、悬停等）或元素的状态（如被访问、被禁用等）来定义的。其基本语法格式如下：

```
选择器:pseudo-class {
    property: value;
}
```

例如：

```
a:link {
    color: #FF0000;
}
input:hover {
    background-color: yellow;
}
```

语法说明：

在上面的语法中，伪类选择器的原理是给元素添加一个类（选择器），如悬停（hover）、点击（active）等，以及文档中不能通过其他选择器选择的元素（这些元素没有 ID 或 class 属性），如第一个子元素（first-child）或者最后一个子元素（last-child）。然后设置样式。

注意： 伪类名称对大小写不敏感。

常用的伪类选择器有链接伪类、结构伪类、否定伪类等。

（一）链接伪类选择器

动态伪类选择器用于选择元素的特定状态或位置，如元素的链接状态、鼠标悬停状态等。以下是一些常见的伪类选择器，其基本语法格式如下：

```
选择器:hover { color: red;}              /* :hover：选择处于鼠标悬停状态的元素 */
选择器:active { background-color: yellow; }    /* :active：选择处于被激活状态（如点击时）的元素 */
选择器:focus { border-color: blue; }       /* :focus：选择当前拥有焦点的元素（如表单） */
选择器:visited { color: gray; }           /* :visited：选择已访问的链接元素 */
```

语法说明：

伪类选择器是 CSS 中用于根据特定条件选择元素的一类选择器，它们以冒号（:）开头。伪类选择器可以与元素类型、类、ID 等其他选择器结合使用，也可以单独使用。链接状态有如下五种常见形式：

- a:link：未被访问过的超链接元素。
- a:visited：用户已访问过的超链接元素。
- a:hover：选择鼠标悬停在上面的元素。
- a:active：选择鼠标在上面并且按键按下不松手的元素。
- a:focus：选择获取焦点的元素。

超链接伪类选择器应用到一级导航示例如下：

```
<!DOCTYPE html>
<html>
    <head>
        <meta charset="utf-8">
        <title>超链接伪类选择器</title>
        <style type="text/css">
            a:link{color: orange;}          /*未访问的链接显示orange颜色*/
            a:visited{color: red;}          /*已访问的链接显示red颜色*/
            a:hover{color: green;}          /*鼠标挪动到链接上(重要)显示green颜色*/
            a:active{color: blue;}          /*激活的链接（鼠标在链接上长按住未松开）
显示blue颜色*/
        </style>
    </head>
    <body>
        <h2>伪类选择器</h2>
        <a href="#">  首页  </a>
        <a href="#">  新闻中心  </a>
        <a href="#">  红色广东  </a>
        <a href="#">  研学旅行  </a>
        <a href="#">  诚聘英才  </a>
        <a href="#">  在线留言  </a>
    </body>
</html>
```

在 Chrome 浏览器中的运行效果如图 4.6 所示。

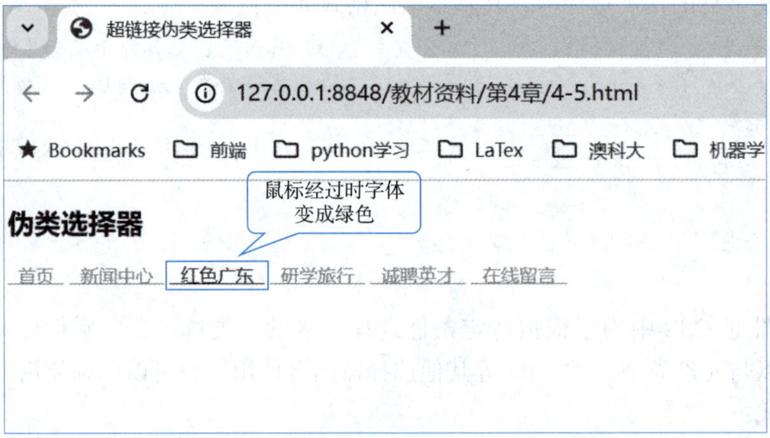

彩色图片

图4.6

图 4.6　超链接伪类选择器应用效果（扫描二维码查看彩色图片）

（二）结构伪类选择器

结构伪类选择器用于根据元素在文档结构中的位置来选择元素。其基本语法格式如下：

```
Selector: pseudo-class { property: value; }
```

语法说明：

其中 selector 为选择器名称，pseudo-class 为伪类名称。所有 CSS 伪类名称不区分大小写，但需要以冒号 : 开头。伪类需要与 CSS 中的选择器结合使用，常用的结构伪类选择器见表 4.1。

表 4.1 常用的结构伪类选择器

选 择 器	示 例	说 明
:first-child	p:first-child	选择所有属于其父元素中的第一个子元素的 p 元素
:last-child	p: last-child	选择所有属于其父元素中的最后一个子元素的 p 元素
:first-of-type	p: first-of-type	选择所有属于其父元素中的第一个 p 类型的元素
:last-of-type	p: last-of-type	选择所有属于其父元素中的最后一个 p 类型的元素
:nth-child(n)	p:nth-child(n)	选择所有属于其父元素中的第 n 个子元素的 p 元素
:nth-last-child(n)	p:nth-last-child(n)	选择所有属于其父元素中的倒数第 n 个子元素的 p 元素
:root	body:root	选择到根元素

结构伪类选择器应用示例如下：

```
<!DOCTYPE html>
<html>
    <head>
        <meta charset="utf-8">
        <title>结构伪类</title>
    </head>
    <body>
        <h3>关山月</h3>
        <p>唐代古诗词</p>
        <p>作者：李白</p>
        <header>
            <p>明月出天山，苍茫云海间。</p>
            <p>长风几万里，吹度玉门关。</p>
            <p>汉下白登道，胡窥青海湾。</p>
        </header>
        <div>
            <p>由来征战地，不见有人还。</p>
            <p>戍客望边邑，思归多苦颜。</p>
            <p>高楼当此夜，叹息未应闲。</p>
        </div>
    </body>
</html>
```

在 Chrome 浏览器中的运行效果如图 4.7 所示。

图 4.7　结构伪类选择器应用效果

1. :first-of-type 与 :last-of-type

:first-of-type 选择器匹配属于其父元素的所有特定类型的第一个子元素。

:last-of-type 选择器匹配属于其父元素的所有特定类型的最后一个子元素。在上面的结构伪类 HTML 5 案例代码中修改 CSS 伪类选择器，代码如下：

```
<style type="text/css">
    p:first-of-type{background-color: skyblue;}
    p:last-of-type{background-color: pink;}
</style>
```

在 Chrome 浏览器中的运行效果如图 4.8 所示。

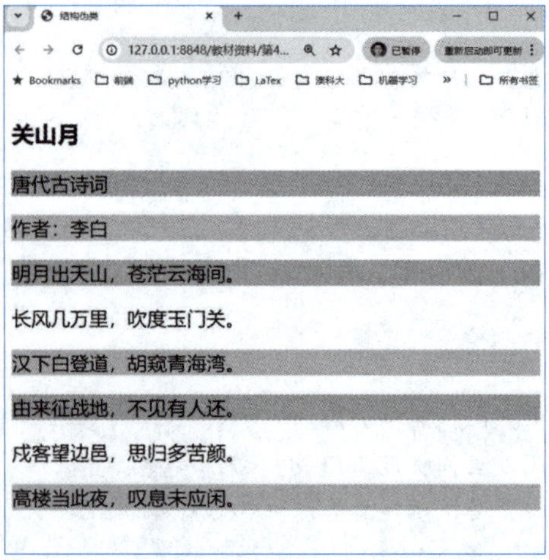

图 4.8　:first-of-type 与 :last-of-type 选择器运行效果

注意：在进行子元素查找时，要注意元素的包含关系，即子元素的类型满足要求也能被检索到。

2. :first-child 与 :last-child

:first-child 是用于选取属于其父元素的第一个子元素的指定选择器，效果类似于 :first-of-type。

:last-child 是用于选取属于其父元素的最后一个子元素的指定选择器。效果类似于 :last-of-type。

在上面结构伪类选择器的 HTML 5 结构代码中修改 CSS 伪类选择器，代码如下：

```
<style type="text/css">
    p:first-child{background-color: red;}
    p:last-child{background-color: blue;}
</style>
```

在 Chrome 浏览器中的运行效果如图 4.9 所示。

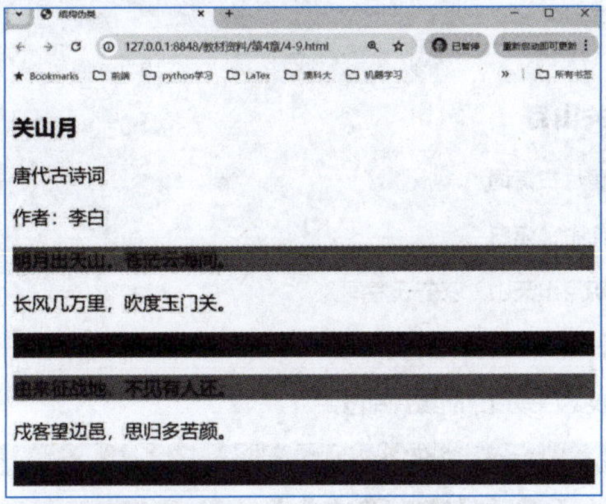

图 4.9　结构伪类 :first-child 和 :last-child 选择器应用效果

3. :nth-child

:nth-child (n) 选择器匹配属于其父元素的第 *n* 个子元素，并且不限制元素的类型。*n* 可以是数字、关键字或表达式。通过 :nth-child(n) 选择器修改上面结构伪类选择器的 CSS 伪类选择器，代码如下：

```
<style type="text/css">
    p:nth-child(2){background-color: yellow;}
</style>
```

在 Chrome 浏览器中的运行效果如图 4.10 所示。

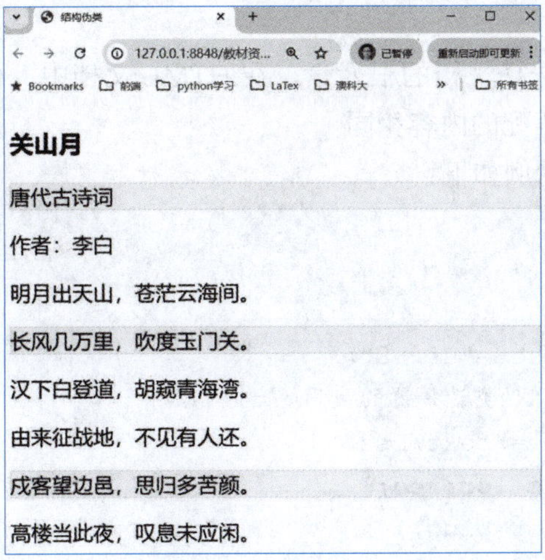

图 4.10　结构伪类 :nth-child 选择器应用效果

通过修改上面结构伪类 :nth-child() 选择器的样式，div 包含 p 元素中的 :nth-child 伪类选择器，将背景颜色样式设置为奇数和偶数，代码如下：

```
<style type="text/css">
    div p:nth-child(odd){background-color: gray;}    /*为奇数p元素设置背景*/
    div p:nth-child(even){background-color: green;} /*为偶数p元素设置背景*/
</style>
```

在 Chrome 浏览器中的运行效果如图 4.11 所示。

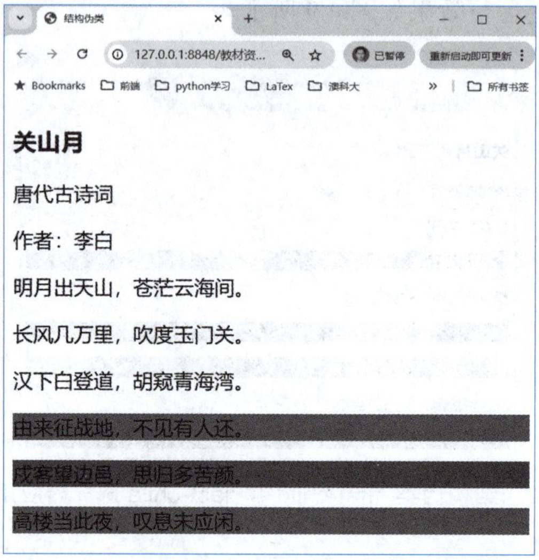

图 4.11　结构伪类 :nth-child() 选择器应用效果

4. :before 与 :after

:before 选择器在被选元素的内容前面通过使用 content 属性插入内容。

:after 选择器在被选元素的内容后面通过使用 content 属性插入内容。

```
div p:before{
    content: [新增内容]
}
```

5. :root

:root 伪类选择器用于选择文档的根元素。在 HTML 文档中，根元素始终是 html，此时该选择器与 html 类型选择器匹配的内容相同。

:root 伪类选择器应用示例如下：

```
<!DOCTYPE  html>
<html>
    <head>
        <meta charset="utf-8">
        <title>root伪类选择器的使用</title>
        <style type="text/css">
            :root{color:red;}
            h2{color:blue;}           /* h2元素的字体颜色被蓝色替换 */
        </style>
```

```
    </head>
    <body>
        <h2>秦楼月·芳菲歇</h2>
        <p>
        芳菲歇，故园目断伤心切。伤心切，无边烟水，无穷山色。
        可堪更近乾龙节，眼中泪尽空啼血。空啼血，子规声外，晓风残月。
        </p>
    </body>
</html>
```

在 Chrome 浏览器中的运行效果如图 4.12 所示。

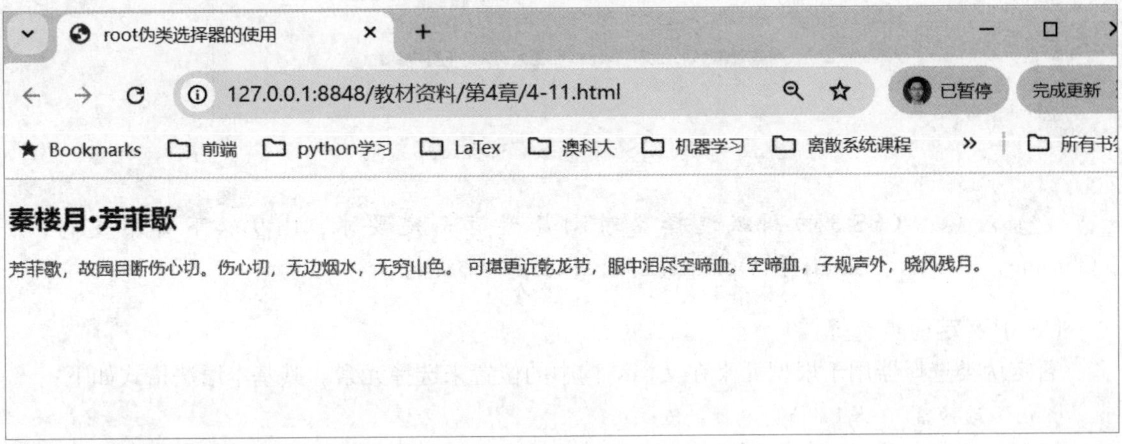

图 4.12　:root 伪类选择器的应用效果

伪类选择器综合应用示例如下：

```
<!DOCTYPE html>
<html>
    <head>
        <meta charset="utf-8">
        <title>CSS 3伪类选择器</title>
        <style type="text/css">
            p:nth-child(n+1){color: red;} /*所有p元素字体颜色设置为红色*/
            p:nth-child(odd){color: blue;} /*所有奇数p元素字体颜色设置为红色*/
            h3:first-child:before{content:"水调歌头";}     /*:before选择器在h3元素前面插入内容*/
            h3:first-child:after{content:"明月几时有" ;}   /*:after选择器在h3元素后面插入内容*/
        </style>
    </head>
    <body>
        <h3>.</h3>
        <p>明月几时有？把酒问青天。不知天上宫阙，今夕是何年。</p>
        <p>我欲乘风归去，又恐琼楼玉宇，高处不胜寒。起舞弄清影，何似在人间。</p>
        <p>转朱阁，低绮户，照无眠。不应有恨，何事长向别时圆？</p>
```

```
        <p>人有悲欢离合，月有阴晴圆缺，此事古难全。但愿人长久，千里共婵娟。</p>
    </body>
</html>
```

在 Chrome 浏览器中的运行效果如图 4.13 所示。

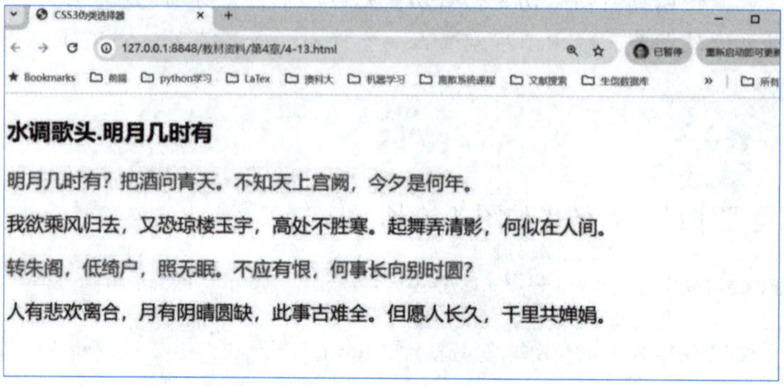

图 4.13　CSS 3 高级选择器应用效果

注意： CSS 3 的高级选择器对浏览器有一定要求，IE 9 以下都不支持，Chrome、Firefox、Safari 和 Opera 目前通用的版本都支持。

（三）否定伪类选择器

否定伪类选择器用于根据元素在文档结构中的位置来选择元素。其基本语法格式如下：

```
:not(选择器){ 属性: 值;属性: 值;…}
```

语法说明：

否定选择器又称不自信选择器，设置的样式会对除它自身之外的所有元素生效。

否定选择器应用示例如下：

```
<!DOCTYPE html>
<html>
    <head>
        <meta charset="utf-8">
        <title>否定选择器</title>
        <style type="text/css">
            p:not(.bg){color:red;font-size:24px;}
        </style>
    </head>
    <body>

        <h1>广东红色教育活动</h1>
        <p>“奋发进取逐梦国防、凝心聚力复兴伟业”国防教育活动</p>
        <p class="bg">传承红色基因，红色文化进校园</p>
        <p class="mybg">“重温百年征程，传承红色基因”红色文化专题教育活动</p>
    </body>
</html>
```

在 Chrome 浏览器显示运行效果如图 4.14 所示。

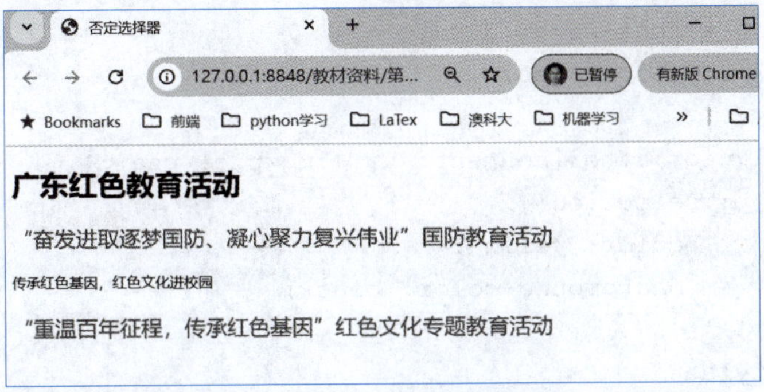

图 4.14　否定选择器应用效果

提示： 选择器的优先级（权重）

ID 选择器＞类名选择器、伪类选择器、属性选择器＞标签名选择器、伪元素选择器＞全局选择器

（四）伪元素选择器

伪元素选择器用于选择元素的特定部分，或者创建元素的虚拟部分。它们以两个冒号（::）开头，区别于伪类选择器的单个冒号（:）。伪元素选择器通常用于装饰性的效果，如添加前缀、后缀或者创建特定的视觉效果。其基本语法格式如下：

```
selector::pseudo-element{property: value;}
```

语法说明：

selector 是目标元素，pseudo-element 代表向目标元素内添加的伪元素，并对伪元素的内容进行修饰，伪元素选择器的常见类型见表 4.2。

表 4.2　伪元素选择器的常见类型

选　择　器	示　　例	说　　明
::first-line	p::first-line	匹配每个 <p> 元素内容的首行
::first-letter	p::first-letter	匹配每个 <p> 元素内容的首字母
::before	p::before{ content: " 开头：";}	在每个 <p> 元素之前插入内容
::after	p::after { content: " 结尾。";}	在每个 <p> 元素之后插入内容
::selection	p::selection	匹配用户选择的元素部分
::placeholder	input::placeholder	匹配每个表单输入框（如 <input>）的 placeholder 属性

伪元素选择器应用示例如下：

```
<!DOCTYPE html>
<html>
    <head>
        <meta charset="utf-8">
        <title>伪元素选择器</title>
        <style type="text/css">
            h3::before{
                content: "广东省";
```

```
                font-size: 30px;
                color: red;
            }
            .pic::after{content: url(img/pic1.png);}
            p::selection{
                color: yellow;
                background-color: black;
            }
        </style>
    </head>
    <body>
        <h3>红色旅游经典景区</h3>
        <p>广州中山纪念堂</p>
        <p>中山市孙中山故居和纪念馆</p>
        <p class="pic">河源苏维埃政府旧址及兵工厂旧址<br/></p>
    </body>
</html>
```

在 Chrome 浏览器中的运行效果如图 4.15 所示。

图 4.15　伪元素选择器应用效果

注意：CSS 3 将伪元素选择器前面的单个冒号（:）修改为双冒号（::）用以区别伪类选择器，但以前的写法仍然有效。即“选择器 :before”可转化为“选择器 ::before”。

三、关系选择器

CSS 关系选择器（combinators）用于结合两个选择器，以创建更具体的选择规则。这些选择器定义了元素之间的关系，如子元素、相邻兄弟元素或一般兄弟元素等。下面介绍常用的 CSS 关系选择器。

视 频

后代选择器和子元素选择器

（一）后代选择器

后代选择器用“E F”符号表示，表示所有属于 E 父元素包含的所有 F 子元素，后代选择器描述的祖先结构父标签写在前面，内层标签写在后面，中间用空格分隔，其基本语法格式如下：

```
E F{属性1:属性值1; 属性2:属性值2; …}
```

例如：

```
ul li { color="blue"; }        /*选择ul中所有li标签，将其字体变成蓝色*/
```

语法说明：

该语法中，E 表示包含元素，F 表示被包含元素，E 和 F 之间用空格分隔，如 <ul> <li>。

后代选择器应用示例如下：

```
<!DOCTYPE html>
<html>
    <head>
        <meta charset="utf-8">
        <title></title>
        <style type="text/css">
            p i{color: red;}                    /*E F格式的后代选择器*/
            p strong .one{color: blue;}         /*可以包含类选择器或ID选择器*/
        </style>
    </head>
    <body>
        <p>关关雎鸠，在河之洲。<strong><i>窈窕淑女，</i>君子好逑。</strong></p>
        <p>参差荇菜，左右流之。<strong><i class="one">窈窕淑女，</i>寤寐求之。
</strong>
        </p>
    </body>
</html>
```

示例代码中定义了 <p> 标签中 <strong> 标签中 <i> 标签的样式，p、strong 和 i 标签不一定是连续紧挨着的，只要保持一个后代关联即可。

在 Chrome 浏览器中的运行效果如图 4.16 所示。

图 4.16 后代选择器应用效果

注意： 后代选择器元素 1 是父级，元素 2 是子级，最终选择的是元素 2，元素 2 可以是儿子，也可以是孙子等，只要是元素 1 的后代即可，元素 1 和元素 2 可以是任意基础选择器，也就是说可以是标签选择器，也可以是类选择器、ID 选择器。

（二）子选择器

子选择器用E>F 表示，且匹配的 F 元素是匹配的 E 元素的子元素，通俗地讲就是把亲儿子元素选择出来，其他的孙子辈不要，其基本语法格式如下：

```
E > F{属性1:属性值1; 属性2:属性值2; }
```

例如：

```
P>span{color="blue"; }      /*选择p中所有最近一级 span 标签元素，将其字体变成蓝色*/
```

语法说明：

该语法中，E 表示父元素，F 表示子元素，使用大于号（>）分隔两个选择器，子选择器会选择作为第一个选择器直接子元素的所有第二个选择器的元素。

子代选择器应用示例如下：

```
<!DOCTYPE html>
<html>
    <head>
        <meta charset="utf-8">
        <title>子选择器</title>
        <style type="text/css">
            div span{color: green;}        /*后代选择器，任何一个后代元素*/
            h2>span{color: red;}           /*子选择器*/
        </style>
    </head>
    <body>
        <div>
            <p><h1><span>绝句</span></h1></p>
            <p>两个<span>黄鹂</span>鸣翠柳，</p>
            <h2>一行<span>白鹭</span>上青天。</h2>
        </div>
    </body>
</html>
```

div 元素中包裹的子元素 span 显示为红色，h2 元素中包裹的子元素 span 显示为绿色。

在 Chrome 浏览器显示运行效果如图 4.17 所示。

> **注意：** 子选择器元素 1 是父级，元素 2 是子级，最终选择的是元素 2，元素 2 可以是儿子，也可以是孙子等，只要是元素 1 的后代即可，元素 1 和元素 2 可以是任意基础选择器，也就是说可以是标签选择器，也可以是类选择器、ID 选择器。

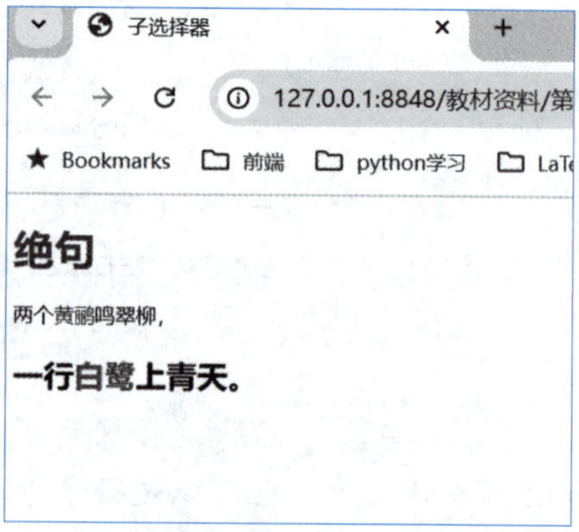

图 4.17　子选择器应用效果

（三）相邻兄弟选择器

E+F 表示相邻兄弟选择器，选择匹配的 F 元素，且匹配的 F 元素紧位于匹配的 E 元素后面，其基本语法格式如下：

```
E+F{属性1:属性值1; 属性2:属性值2; }
```

例如：

```
.one +li { color="blue"; }      /* one元素相邻的下一个li元素，其字体变成蓝色 */
```

视频

相邻兄弟（组）选择器

语法说明：

该语法中，E 和 F 之间用加号（+）连接，表示相邻兄弟关系，选择器中的两个元素有同一个父亲，而且第二个元素必须紧跟第一个元素。

相邻兄弟选择器应用示例如下：

```
<!DOCTYPE html>
<html>
    <head>
        <meta charset="utf-8">
        <title>相邻兄弟选择器</title>
        <style type="text/css">
            h3{color: red;}
            h3+p{color: blue;}        /*与h3相邻的下一个p元素*/
        </style>
    </head>
    <body>
        <h3>绝句</h3>
        <p>唐·杜甫</p>
        <p>两个黄鹂鸣翠柳，</p>
        <p>一行白鹭上青天。</p>
        <p>窗含西岭千秋雪，</p>
        <p>门泊东吴万里船。</p>
    </body>
</html>
```

在 Chrome 浏览器中的运行效果如图 4.18 所示。

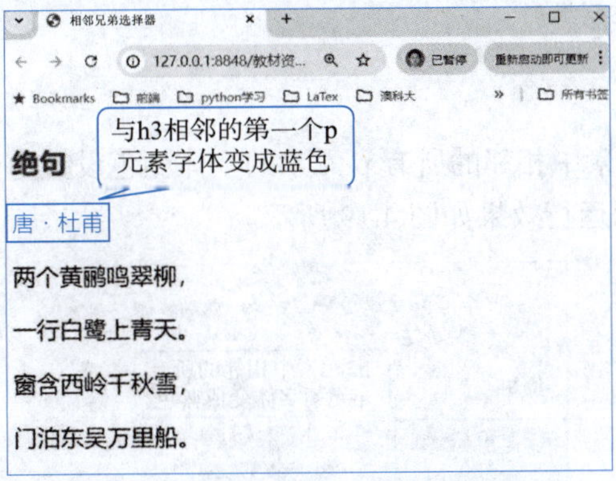

图 4.18　相邻兄弟选择器应用效果

注意： 相邻兄弟选择器的元素 1 和元素 2 用“+”连接，表示相邻的兄弟关系，最终选择的是元素 2，元素 2 必须是相邻的下一个兄弟，其上或者不相邻兄弟都不归其管。

（四）普通兄弟选择器

E ~ F 表示普通兄弟选择器，选择匹配的 F 元素，且是位于匹配的 E 元素后的所有匹配的 F 元素，其基本语法格式如下：

```
元素1~元素2{属性1:属性值1; 属性2:属性值2; }
```

例如：

```
.one~li { color="blue"; }        /*选择出类为one的元素后面的所有兄弟li，其字体变成蓝色*/
```

语法说明：

该语法中，E 和 F 之间用“~”连接，选择器中的两个元素有同一个父亲，但第二个元素不必紧跟第一个元素。

普通兄弟选择器应用示例如下：

```
<!DOCTYPE html>
<html>
    <head>
        <meta charset="utf-8">
        <title>普通兄弟选择器</title>
        <style type="text/css">
            h3{color: red;}
            h3~p{color: blue;}      /*与h3相邻的p元素*/
        </style>
    </head>
    <body>
        <h3>绝句</h3>
        <p>唐·杜甫</p>
        <p>两个黄鹂鸣翠柳，</p>
        <p>一行白鹭上青天。</p>
        <p>窗含西岭千秋雪，</p>
        <p>门泊东吴万里船。</p>
    </body>
</html>
```

在上面的案例中 h3 元素中相邻的所有 p 元素的字体颜色设置为蓝色。

在 Chrome 浏览器显示运行效果如图 4.19 所示。

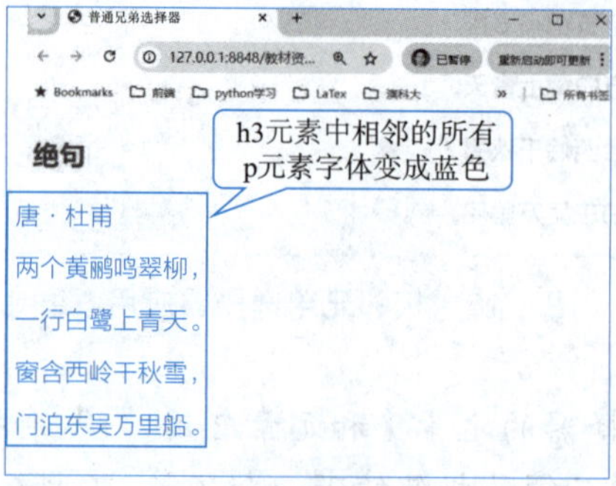

图 4.19　普通兄弟选择器应用效果

注意：普通兄弟选择器的元素 1 和元素 2 用"~"连接，元素 1 和元素 2 是相邻的兄弟关系，最终选择的是元素 1 后面所有兄弟元素 2。

（五）并集选择器

并集选择器就是可以选择多组标签，同时为其定义相同的样式，其基本语法格式如下：

```
E,F,G{属性1:属性值1; 属性2:属性值2; }
```

例如：

```
div,p,h2 { color="blue"; }        /*把div，p和h2标签都找出来，其字体变成蓝色*/
```

语法说明：

E，F，G 可以是任何有效的 CSS 选择器，包括元素类型选择器、类选择器、ID 选择器、属性选择器、伪类选择器和伪元素选择器等。

并集选择器应用示例如下：

```
<!DOCTYPE html>
<html>
    <head>
        <meta charset="utf-8">
        <title>并集选择器</title>
        <style type="text/css">
            h2,h5,.one{color: red;}        /*同时设置h2,h5和类元素的字体颜色*/
        </style>
    </head>
    <body>
        <h2>望庐山瀑布</h2>
        <h5><i>唐代李白</i></h5>
        <p class="one">日照香炉生紫烟，遥看瀑布挂前川。</p>
        <p>飞流直下三千尺，疑是银河落九天。</p>
    </body>
</html>
```

上面的案例中 h2,h5 和类元素（.one）的字体颜色为红色，用于集体声明。

在 Chrome 浏览器显示运行效果如图 4.20 所示。

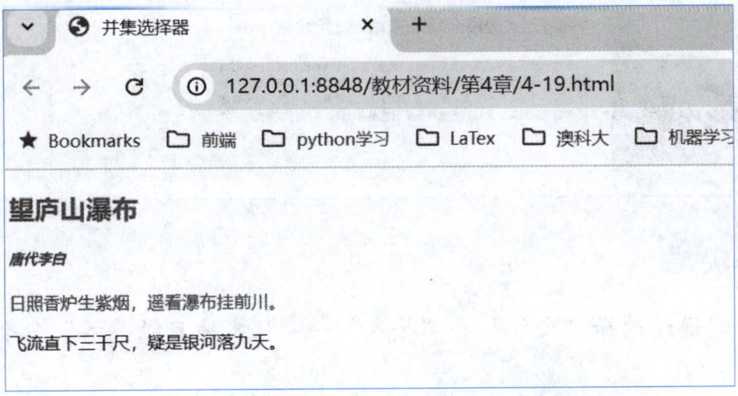

图 4.20　并集选择器应用效果

任务一 使用CSS的伪类选择器制作“广东省各市红色文化”新闻景点页面

任务描述

小丁同学走访了广州、肇庆、河源等地，收集了大量红色文化素材，现在需要通过 CSS 的伪类展示动态的图文并茂的页面，在 HTML 各种标记上设置各种超链接伪类样式，实现页面动态效果。

任务展示

任务实施

1.【导入项目】通过选择“文件”→“导入”→“从本地目录导入”命令打开“广东省红色文化网站”项目。

2.【新建 HTML 文件】在项目文件夹中，通过选择“新建”→“.html 文件”命令创建“各市红色景点.html”。

3.【新建标题标签】在 <body></body> 之间，添加标题标签：

```
<h2>广东各市红色文化景点</h2>
```

4.【新建无序列表和其他标签】在 <body></body> 之间，添加无序列表标签：

```
<ul>
    <li>
        <img src="img/hsyj01.jpg" />
        <h3><a href="#"> 叶挺纪念馆</a></h3>
        <p>叶挺纪念馆...</p>
    </li>
    ...
</ul>
```

5.【新建各种 CSS 样式】在 <head></head> 之间，添加内嵌样式：

```
<style type="text/css">
    * {margin: 0; padding: 0;}
    ul {list-style-type: none;width: 700px;}
    h2{color: #FF0000;}
    h3 {font: bold 20px/1.5 Helvetica, Verdana, sans-serif;}
    li img {float: left;margin: 0 15px 0 0;}
    li p {font: 200 12px/1.5 Georgia, Times New Roman, serif;}
    li {padding: 10px;overflow: auto;}
    li:hover {background: #eee;cursor: pointer;}          /*手型鼠标*/
    h3 a:link{text-decoration: none;color: red;}
    h3 a:hover{font-style: italic;}
    img{width:230px; height:170px;}
</style>
```

技巧与提高

在 CSS 中，伪类链接一般有四个，它们的优先级顺序是 :link、:visited、:hover、:active。如果对一个链接同时定义了 :link 和 :hover 样式，当鼠标悬停时，:hover 样式会覆盖 :link 样式。因为按照用户交互顺序，悬停状态是在链接的基础状态之上的特殊状态。

任务二 综合运用伪类选择器与伪元素制作“广东红色文化特色展览”页面

任务描述

广东作为中国革命的重要发源地之一，拥有丰富的红色文化资源。通过红色文化特色展览，可以弘扬和传承革命先辈们的红色基因和革命精神，激励当代人增强文化自信，推动文化建设，进行继续奋斗。小丁同学综合运用超链接伪类样式设计了一个广东红色文化特色展览页面。

任务展示

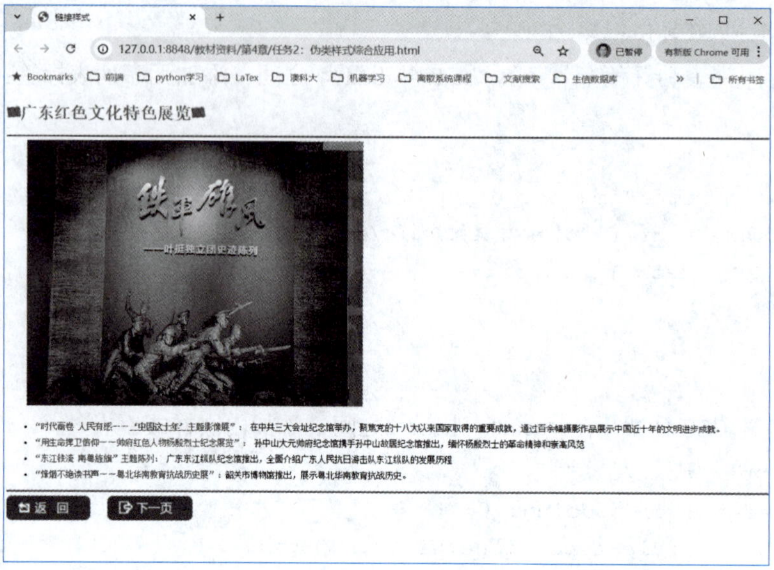

任务实施

1.【导入项目】通过单击“文件”→“导入”→“从本地目录导入”命令打开“广东省红色文化网站”项目。

2.【新建 HTML 文件】在项目文件夹中，通过单击“新建”→“.html 文件”命令创建“红色文化展览 .html”。

3.【新建标题标签】在 <body></body> 之间，添加标题标签：

```
<h2>广东红色文化特色展览</h2>
```

4.【新建无序列表和超链接标签】在 <body></body> 之间，添加无序列表标签：

```
<ul>
    <li><a href="#">“时代画卷 人民有感——<span>‘中国这十年’</span>主题影像展”：
</a>
        在中共三大会址纪念馆举办，聚焦党的十八大以来国家取得的重要成就，通过百余幅摄
影作品展示中国近十年的文明进步成就
    </li>
    <li><a href="#">“用生命捍卫信仰——帅府红色人物杨殷烈士纪念展览”：</a>
        孙中山大元帅府纪念馆携手孙中山故居纪念馆推出，缅怀杨殷烈士的革命精神和崇高风范
    </li>
    <li><a href="#">“东江铁流 南粤旌旗”主题陈列：</a>
        广东东江纵队纪念馆推出，全面介绍广东人民抗日游击队东江纵队的发展历程
    </li>
    <li><a href="#">“烽烟不绝读书声——粤北华南教育抗战历史展”：</a>
        韶关市博物馆推出，展示粤北华南教育抗战历史
    </li>
</ul>
```

```
<hr/>
<a href="#"><img src="img/return.png"></a>
<a href="#"><img src="img/down.png" class="right"></a>
```

5.【新建各种图片超链接】给图片创建超链接：

```
<a href="#"><img src="img/return.png"></a>
```

6.【新建外部链接 CSS 样式】在 <head></head> 之间，添加外部链接样式：

```
<link href="CSS/pseundo.css" rel="stylesheet" type="text/css" />
```

CSS 文件代码如下：

```
:root{
    font-family: "宋体";
    font-size: 12px;
    line-height: 2em;
}
h2{color: red;
    font-size:25px ;}
h2:before{content: url(../img/icon1.png);}
h2:after{content: url(../img/icon1.png);}
a>span{
    color: red;
    text-decoration: underline;
    font-weight: bold;
}
li a:link,li a:visited{
    color:blue;
    text-decoration: none;
}
li a:hover{
    color:red;
    text-decoration: underline;
}
hr{border: none;
    border-bottom: 3px red solid;
}
```

技巧与提高

一般来说，在 CSS 中，当多个选择器应用于同一个元素时，更具体的选择器优先级更高。对于链接伪类选择器，它们的优先级遵循一般的 CSS 选择器优先级规则。

具体的优先级顺序是：内联样式 > ID 选择器 > 类选择器 / 属性选择器 / 伪类选择器 > 元素选择器 > 通配符选择器。

同一级别按照后定义的规则覆盖先定义的规则（在没有其他优先级因素影响的情况下）。

项目评价

班级：　　　　　小组：　　　　　姓名：　　　　　学号：　　　　　综合评分：

序　号	任务内容	实施结果自评	小组互评
1	<a> 标签伪类选择器的状态 :link、:visited、:hover 的使用		
2	子选择器完成样式		
3	结构伪类选择器（:before 与 :after）		
4	结构伪类选择器（:link、:visited、:hover）		

项目五
“广东红色文化”主题网站制作——CSS 盒子模型

项目导读

小丁在前面的项目学习了 HTML 5 的文本、图像、超链接、列表标签等，同时掌握了 CSS 3 样式的设置。他在网站制作中，发现网页的布局对页面非常重要，CSS 盒子模型是网页布局的基石，它允许开发者像搭建积木一样，将各种 HTML 元素组合成复杂的页面布局。本项目中，小丁将使用盒子模型完成“广州红色旅游文化”网页的布局及美化。

学习目标

知识传递

• 掌握盒子模型的相关属性：内容（content）、内边距（padding）、边框（border）和外边距（margin）

• 理解盒子模型的计算方式

• 掌握背景属性的原理

能力培养

• 能用 CSS 样式制作常见的盒子模型的效果

• 能设置背景颜色和图像

• 能对页面进行渐变背景的设置

价值引领

• 弘扬文化传承与教育

广州的红色文化明信片不仅是旅游纪念品，更是传承红色基因的重要载体。

• 赋能科技经济的力量

随着广州红色旅游的兴起，红色文化明信片逐渐受到游客的欢迎，成为打卡和收藏的热门选择，并通过网页的方法，吸引了大量游客前来参观和购买相关纪念品。明信片的市场反馈积极，成为红色旅游的一部分。

• 提升城市形象

在布局设计中，红色文化明信片作为广州的文化符号，提升了城市的文化形象。通过明信片的传播，广州的红色文化得以在更广泛的范围内传播和弘扬，广州这一英雄城市的深厚革命传统得以更有效地学习和继承。

知识准备

一、盒子模型与概念

在学习盒子模型之前，首先来看一个例子。墙上整齐地排列着四幅画，如图 5.1 所示。对于每幅画来说，有不同的高度和宽度（指的是内容的 height 和 width），每幅画都四条“边框”，画和边框之间会有一定的距离，这个距离称为“内边距”，各幅画之间通常不会紧贴着，它们之间的距离称为“外边距”，如图 5.2 所示。

视频

盒子模型概念

图 5.1　图片组成的盒子

当 CSS 将 HTML 中的任何元素（无论是块元素还是行内元素）设计成盒子之后，每个盒子都由元素的内容（content）、内边距（padding）、边框（border）和外边距（margin）组成。盒模型图中 padding、border 和 margin 区域都包括 top、right、bottom、left 四部分。标准盒模型如图 5.2 所示。

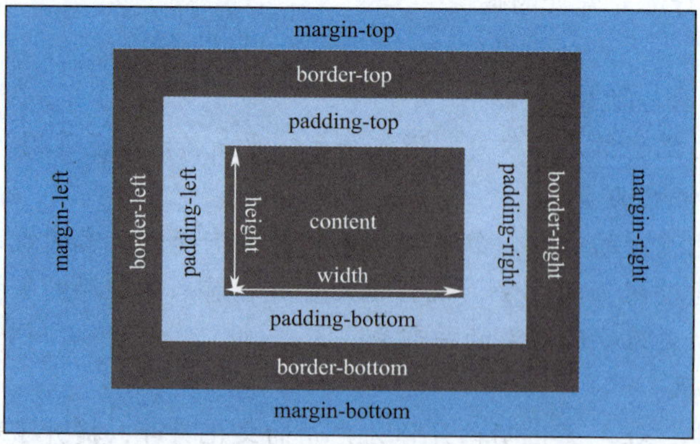

图 5.2　标准盒模型

视 频

盒子之间的关系

盒子应用示例如下：

```
<!DOCTYPE html>
<html>
    <head>
        <meta charset="utf-8">
        <title>盒子案例</title>
        <style type="text/css">
            p{width: 150px;
                height: 150px;
                border: 2px red dashed;
                padding: 30px;
                margin: 30px;
            }
        </style>
    </head>
    <body>
        <p>
        黄花岗七十二烈士墓园：又称黄花岗公园，是为纪念1911年孙中山领导的中国同
盟会在广州“三·二九”起义中牺牲的烈士而建的。
        </p>
    </body>
</html>
```

在 Chrome 浏览器中的运行效果如图 5.3 所示。

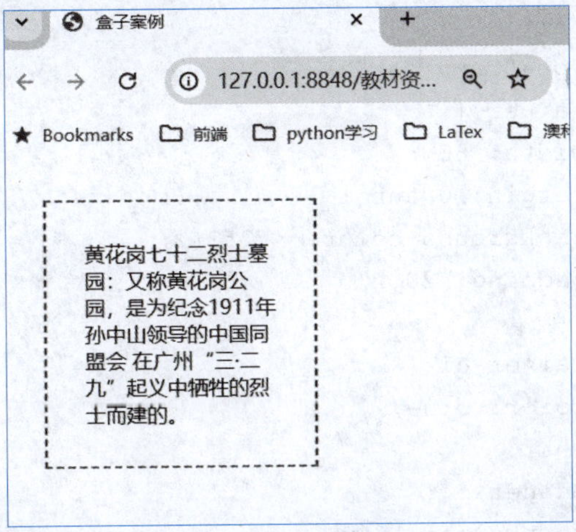

图 5.3　盒子应用效果

一个盒子实际占有的宽度（或高度）是由“内容 + 内边距 + 边框 + 外边距”组成的，在 CSS 中，可以通过设定 width 和 height 的值来控制内容所占矩形区域的大小，对于任何一个盒子都可以分别设定四条各自的 border、padding 和 margin，增加内边距、边框和外边距不会影响内容区域的尺寸，但是会增加元素框的总尺寸。在图 5.3 所示的盒子中，内容区域的尺寸为 width:150px；height:150px，但是盒子真实占有的宽高是加上 padding、border，因此，盒子的宽度和高度为 (150+30+2) × (150+30+2)=182 × 182。

注意：盒子并不是仅仅用 <p> 标记定义的网页元素，事实上所有网页标记都可以以盒子的形式存在，如 <img />、<p> 或 <div> 都可以看成一个盒子。网页上的文字内容、图片等，在浏览器看来，它们就是许多盒子排列一起或者相互嵌套。

（一）<div> 标签

视频 块级元素与行内元素转换

div 是英文 division 的缩写，意为“分割、区域”。<div> 标记简单而言就是一个区块容器标记，可以将网页分割为独立的、不同的部分，通常用作网页布局。<div> 元素是一个通用的块级元素，可以容纳段落、标题、图像、宽度、高度、内边距和外边距等网页元素及属性，也就是说大多数 HTML 标记都可以嵌套在 <div> 标记中，<div> 中还可以嵌套多层 <div>。

<div> 标记非常强大，通过与 id、class 等属性配合，然后使用 CSS 设置样式，来替代大多数文本标记，其基本语法格式如下：

```
<div>文本或图片内容</div>
```

语法说明：

<div> 标记是一个块容器（内联元素和块元素将在项目六中介绍）。可以使用 <div> 标签创建一个包含一组相关元素的容器，然后对这些元素应用样式或添加交互性功能。

<div> 标记应用示例如下：

```
<!DOCTYPE html>
<html>
    <head>
        <meta charset="utf-8">
        <title></title>
        <style type="text/css">
            .container {
                width: 80%;
                margin: 0 auto;
                background-color: #f2f2f2;
                padding: 20px;
            }
            .container h1 {
                color: blue;
            }
            .container p {
                font-size: 16px;
            }
            .container button {
                background-color: green;
                color: white;
                padding: 10px 20px;
            }
        </style>
    </head>
```

```
    <body>
        <div class="container">
            <h1>广东财贸职业学院</h1>
            <p>数字技术学院人工智能专业</p>
            <button>点击我</button>
        </div>
    </body>
</html>
```

在 Chrome 浏览器中的运行效果如图 5.4 所示。

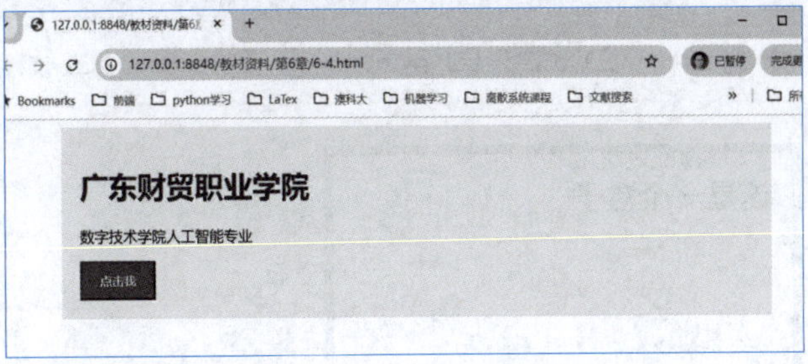

图 5.4　<div> 标记应用效果

（二）盒子模型的宽与高

网页是由多个盒子排列或者嵌套而成的，每个盒子都有固定的大小，盒子模型在 CSS 中使用宽度属性 width 和高度属性 height 可以对盒子的大小进行控制。默认情况下，width 和 height 属性只影响内容区域的大小，不包括内边距、边框和外边距。width 和 height 的属性值可以为不同单位的数值或相对于父元素的百分比，实际工作中最常用的是像素值。在没了解盒模型之前，有人会以为该宽度和高度是盒子的整体或者其实际占据的空间，但事实上并不是这样。

当在 CSS 中设计一个 <div> 元素的 width 时，如“.box{width:500px; height:500px}”，其中的 width 和 height 仅仅是对 content 部分设置的，即 content box 的宽度和高度。

盒子模型的宽度属性 width 和高度属性 height 应用示例如下：

```
<!DOCTYPE html>
<html>
    <head>
        <meta charset="utf-8">
        <title></title>
        <style type="text/css">
            .box {
                width: 200px;
                height: 100px;
                padding: 10px;
                border: 5px solid red;
                margin: 20px;
            }
        </style>
```

```
    </head>
    <body>
        <div class="box">这是一个盒子</div>
    </body>
</html>
```

在 Chrome 浏览器中的运行效果如图 5.5 所示。

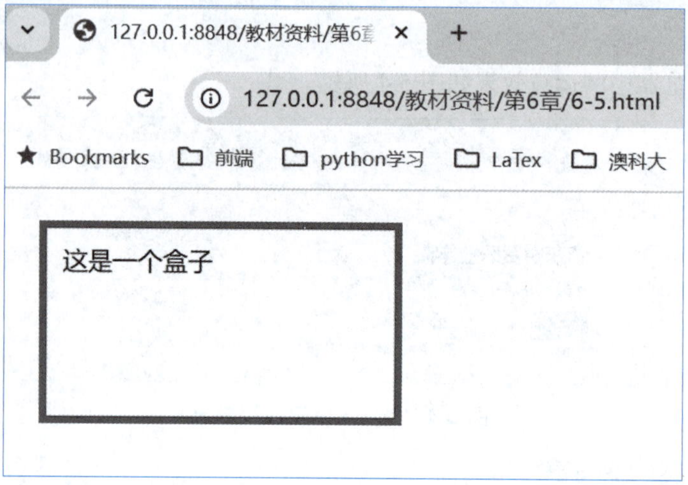

图 5.5　盒子应用效果

在上面案例的盒模型（boxsizing: contentbox）中，元素的总宽度和总高度计算如下：

总宽度 = 内容宽度 (200 px) + 左右内边距 (10 px + 10 px) + 左右边框 (5 px + 5 px) = 230 px

总高度 = 内容高度 (100 px) + 上下内边距 (10 px + 10 px) + 上下边框 (5 px + 5 px) = 130 px

二、盒子模型相关属性

（一）边框（border）属性

元素的边框（border）是元素内容和内边距的一条或多条线。每个元素外面都可以有一个边框，边框可分为上边框 (top)、下边框 (bottom)、左边框 (left) 和右边框 (right)。在 CSS 中，一个边框由三个要素组成，每种边框有颜色 (border-color)、样式 (border-style) 以及宽度 (border-width）这三种属性。CSS 中常用的边框属性见表 5.1。

表 5.1　CSS 中常用的边框属性

设置内容	样式属性	常用属性值
边框样式	border-style: 上边 右边 下边 左边；	none 无（默认）、solid 单实线、dashed 虚线、dotted 点线、double 双实线、ridge 边框成脊形、inset 边框外嵌一个立体边框、outset 边框外嵌一个立体边框
边框宽度	border-width: 上边 右边 下边 左边；	像素值
边框颜色	border-color: 上边 右边 下边 左边；	颜色值、# 十六进制、rgb(r,g,b)、rgb(r%,g%,b%)
综合设置边框	border: 四边宽度 四边样式 四边颜色；	边框颜色值、边框样式、边框宽度
圆角边框	border-radius: 水平半径参数 / 垂直半径参数；	像素值或百分比
图片边框	border-images: 图片路径 裁切方式 / 边框宽度 / 边框扩展距离 重复方式；	

如果四个边框的样式相同，需要同时设置四个边框的样式，直接使用 border 属性设置四个边框的样式，其基本语法格式如下：

```
border:颜色值 线条类型 线条宽度;
```

语法说明：

用于同时设置边框的宽度、样式和颜色。顺序是：宽度、样式、颜色。

1. border-width

border-width 属性用来指定 border 的粗细程度，其基本语法格式如下：

```
Border-width:<length> |<thin>|<medium>|<thick>;
```

语法说明：

border-width 用来指定 border 的粗细程度，它的值有 thin、medium、thick 和像素值，默认值为 medium，一般的浏览器都将其解析为 2 px。如果只提供一个参数值，将应用全部四边。如果提供两个参数，第一个参数用于上、下两边，第二个参数用于左、右两边。CSS 中常用的边框宽度属性见表 5.2。

表 5.2　CSS 中常用的边框宽度属性

属　性	说　明	示　范
border-top-width	设置上边框粗细为 5 px	border-top-width:5px;
border-right-width	设置右边框粗细为 10 px	border-right-width: 10px;
border-bottom-width	设置下边框粗细为 10 px	border-bottom-width: 10px;
border-left-width	设置左边框粗细为 10 px	border-left-width: 10px;
Border-width	四个边框粗细为 10 px	border-width:10px;
	上下边粗细为 10 px 左右边粗细为 5 px	border-width: 10px 5px;
	上边框粗细为 5 px 左右边框粗细为 1 px 下边框粗细为 3 px	border-width: 5px 1px 3px;
	上、右、下、左边框粗细分别为： 1 px、3 px、5 px、2 px	border-width: 1px 3px 5px 2px;

2. border-style

border-style 属性用来指定 border 的粗细程度，其基本语法格式如下：

```
border-style:<none>|<dotted>|<dashed>|<solid>|<double>|<ridge>|<outset>;
```

语法说明：

border-style 属性用来指定边框的样式，它的值有 none、hidden、dotted、dashed、solid、double、groove、ridge 和 outset 等。none 表示无边框，dotted 表示为点线边框，dashed 表示虚线边框，solid 表示实线边框，见表 5.3。由于 dotted 和 dashed 在大多数浏览器中显示的为实线，因此在实际网页应用中，为了浏览器之间的兼容性，常用的值基本为 none 和 solid。其他值的用法在这里不再详细讲解。

表 5.3　border-style 属性参数说明

属　性	说　明	示　范
border-top-style	设置上边框为虚线	border-top-style: dashed;
border-right-style	设置右边框为实线	border-right-style: solid;
border-bottom-style	设置下边框为点线	border-bottom-style: dotted;
border-left-style	设置左边框为实线	border-left-style: solid;
border-style	四个边框均为虚线	border-style: solid;
	上下边框为实线 左右边框为虚线	border-style: solid dashed;
	上边框为虚线 左右边框为双实线 下边框为点线	border-style: dashed double dotted;
	上、右、下、左边框分别为虚线、双实线、点线、实线	border-style:dashed double dotted solid ;

3. border-color

border-color 属性用来表示边框的颜色，和 background-color 属性完全一样，其基本语法格式如下：

```
border-color: <none> |<dotted>|<dashed>|<solid>|<double>|<ridge>|<outset>;
```

语法说明：

参数支持 CSS 提供的各个颜色值。

边框样式、边框宽度和边框颜色的应用示例如下：

```
<!DOCTYPE html>
<html>
    <head>
        <meta charset="utf-8">
        <title>边框属性综合应用</title>
        <style type="text/css">
            .one{
                width: 200px;
                height: 100px;
                border-width: 3px;          /*四条边宽度都是3px*/
                border-style: dashed;       /*四条边样式为虚线*/
                border-color: red;          /*四条边颜色为红色*/
                margin: 30px;               /*外边距为30像素*/
            }
            .two{
                width: 200px;
                height: 100px;
                border-width: 3px 8px;  /*上下边框宽度为3 px, 左右边框宽度为8 px*/
                border-style: dashed;       /*四条边样式为虚线*/
```

```
                border-color: blue yellow red pink;
                        /*边框上边颜色为蓝色，右边为黄色，下边为红色，左边为粉色*/
                margin: 30px;               /*外边距为30像素*/
            }
            .three{
                width: 200px;
                height: 100px;
                border-width: 3px;          /*四条边宽度都是3px*/
                border-style: dashed dotted double;
                /*边框样式上边线为虚线，右边为点线，下边为双实线，左边和右边一样 */
                border-color: #0000FF;      /*四条边颜色为红色*/
                margin: 30px;               /*外边距为30像素*/
            }
        </style>
    </head>
    <body>
        <div class="one">第一个盒子</div>
        <div class="two">第二个盒子</div>
        <div class="three">第三个盒子</div>
    </body>
</html>
```

在 Chrome 浏览器中的运行效果如图 5.6 所示。

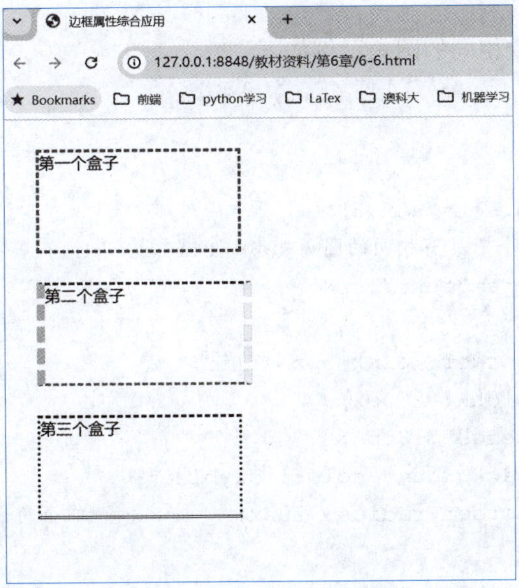

图 5.6　边框属性综合应用效果

4. 圆角边框 border-radius

圆角（border-radius）是 CSS 3 中使用最多的属性之一，无须添加任何标签元素与图片，也无须借用任何 JavaScript 脚本，border-radius 属性就能实现圆角，且其还有以下优点：其一，减少网站的维护工作量，减少了对图片的更新制作、替换代码等；其二，提高网站的性能，减少了对图片进行 http 的请求，网页的载入速度变快了；其三，增加视觉的美观性。其基本语法格式如下：

```
border-radius: <none> |<length>{1,4}|<percentage>;
```

语法说明：

border-radius 属性的参数主要包含两个值。none 为默认值，表示元素没有圆角；<length> 可以用像素 px 值，也可以用 <percentage> 百分比设置对象的圆角半径长度（基于边框宽度），不允许负值。border-radius 是一种缩写方法。四个值是按照 top-left、top-right、bottom-right 和 bottom-left 顺序设置的，其主要会出现以下四种情形。

（1）border-radius:<length>{1} 设置一个值，top-left、top-right、bottom-right 和 bottom-left 的值相等，也就是元素四个圆角的效果相同。

（2）border-radius:<length>{2} 设置两个值，top-left 和 bottom-right 取相同的值，取第一个值；top-right 和 bottom-left 取相同的值，取第二个值。也就是元素的左上角和右下角取第一个值，右上角和左下角取第二个值。

（3）border-radius:<length>{3} 设置三个值，第一个值设置 top-left，第二个值设置 top-right 和 bottom-left，第三个值设置 bottom-right。

（4）border-radius:<length>{4} 元素四个圆角取不同的值，第一个值设置 top-left，第二个值设置 top-right，第三个值设置 bottom-right，最后一个值设置 bottom-left。

注意： IE 9+、Firefox 4+、Chrome、Safari 5+ 以及 Opera 浏览器支持 border-radius 属性。

<div> 盒子四个角设置相同的圆角示例如下：

```
<!DOCTYPE html>
<html>
    <head>
        <meta charset="utf-8">
        <title>四个角具有相同的圆角矩形</title>
        <style type="text/css">
            div{
                border: pink 5px solid;
                width: 200px;
                height: 80px;
                background-color: skyblue;
                border-radius: 20px;          /*四个角设置一样*/
            }
        </style>
    </head>
    <body>
        <div>圆角矩形设置</div>
    </body>
</html>
```

在 Chrome 浏览器中的运行效果如图 5.7 所示。

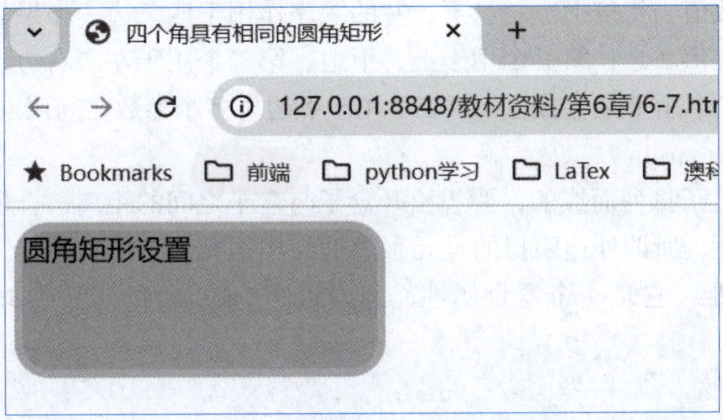

图 5.7　圆角边框样式效果

修改上述案例中 CSS 的 border-radius 属性值，设置左上角与右下角的圆角值相同、右上角与左下角的圆角值相同。代码如下：

```
<style type="text/css">
    border-radius: 10px 30px;   /*左上角和右下角值为10 px，右上角和左下角值为20 px*/
</style>
```

在 Chrome 浏览器显示运行效果如图 5.8 所示。

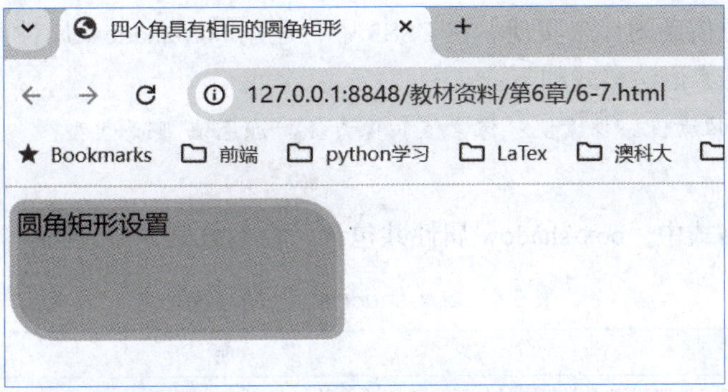

图 5.8　不同圆角边框样式效果

（二）内边距（padding）

padding 是盒模型的一个重要组成部分，可以调整盒子中的显示位置，是指元素内容与边框之间的距离。在 CSS 中，可以通过 padding 属性设置内边距。其基本语法格式如下：

```
padding: length |percentage;
padding-top:设置顶部内边距
padding-right:设置右边内边距
padding-bottom:设置底部内边距
padding-left:设置左边内边距
```

语法说明：

在上面的语法中，padding 相关属性的取值可为 auto 自动（默认值）、不同单位的数值、相对于父元素（或浏览器）宽度的百分比（%），实际工作中最常用的是像素值（px），不允许使用负值。

padding 属性也可以同时设置元素四条边的内边距。该属性可以设置 1 ~ 4 个参数值。如果设置全部 4 个参数值，将按上、右、下、左的顺序作用于四条边。如果只提供 1 个，将用于全部四条边。如果提供 2 个，第一个用于上、下边，第二个用于左、右边。如果提供 3 个，第一个用于上边，第二个用于左、右边，第三个用于下边（多个参数之间用空格分隔）。

（三）外边距（margin）

网页是由多个盒子排列而成的，要想拉开盒子与盒子之间的距离，合理地布局网页，就需要为盒子设置外边距，所谓外边距指的是元素边框与相邻元素之间的距离。在 CSS 中，margin 属性用于设置外边距，它是一个复合属性，与内边距 padding 的用法类似，其基本语法格式如下：

```
margin: length |percentage |auto;
margin-top:设置顶部内边距
margin-right:设置右边内边距
margin-bottom:设置底部内边距
margin-left:设置左边内边距
```

语法说明：

margin 属性可以同时设置元素四条边的外边距，其属性设置可参考 padding 属性。

（四）box-shadow 属性

在网页制作中，为网页中的元素添加阴影效果可以让网页更美观。在 CSS3 出现之前，网页中的阴影效果需要借助图片来实现。在 CSS3 中，运用 box-shadow 属性可以直接为页面元素添加阴影效果，其基本语法格式如下：

```
box-shadow: 像素值1 像素值2 像素值3 像素值4 颜色值 阴影类型;
```

语法说明：

在上面的语法格式中，box-shadow 属性共包含六个参数值，对它们的具体解释见表 5.4。

表 5.4　box-shadow 属性参数值

属 性 值	说 明
像素值 1	用于设置元素水平阴影的位置，可以为负值，是必选参数值
像素值 2	用于设置元素垂直阴影的位置，可以为负值，是必选参数值
像素值 3	用于设置阴影模糊半径，是可选参数值
像素值 4	用于设置阴影扩展半径，不能为负值，是可选参数值
颜色值	用于设置阴影颜色，是可选参数值
阴影类型	用于设置内阴影（inset）/ 外阴影（outset，默认），是可选参数值

盒子阴影示例如下：

```
<!DOCTYPE html>
<html>
    <head>
        <meta charset="utf-8">
        <title>对象阴影</title>
        <style type="text/css">
            div{
```

```
                border: #808080 5px solid;
                width: 200px;
                height: 80px;
                background-color: skyblue;
                border-radius: 10px ;
                box-shadow: 10px 10px 5px #C0C0C0; /*设置阴影的偏移量和颜色*/
            }
        </style>
    </head>
    <body>
        <div>圆角矩形设置</div>
    </body>
</html>
```

在 Chrome 浏览器中的运行效果如图 5.9 所示。

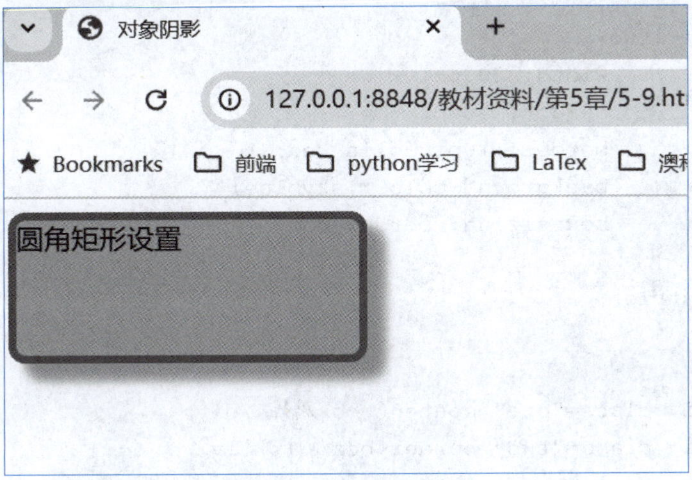

图 5.9　盒子阴影效果

注意：在为图片添加阴影效果时，需要为图片设置内边距属性，否则内阴影会被图片遮盖。

（五）box-sizing 属性

当一个盒子的宽度确定之后，要想给盒子添加边框或内边距，往往需要更改其 width 属性值，该修改操作烦琐且容易出错。为此 CSS 3 提供了 box-sizing 属性，该属性用于定义盒子的宽度数值和高度数值是否包含元素的内边距数值和边框数值。其基本语法格式如下：

```
box-sizing: content-box/border-box;
```

语法说明：

在上面的语法格式中，box-sizing 属性的取值可以为 content-box 或 border-box。content-box 定义的 width 和 height 数值不包括 border 和 padding 数值。border-box 定义的 width 和 height 数值包括 border 和 padding 数值。

box-sizing 属性应用示例如下：

```
<!DOCTYPE html>
<html>
    <head>
        <meta charset="utf-8">
        <title>box-size属性</title>
        <style type="text/css">
            .one{
                width: 200px;
                height: 100px ;
                border: 10px solid blue;
                background-color: pink;
                padding-right:10px ;
                box-sizing: content-box;
                margin-bottom: 10px;
            }
            .two{
                width: 200px;
                height: 100px ;
                border: 10px solid red;
                background-color: skyblue;
                box-sizing: border-box;
            }
        </style>
    </head>
    <body>
        <div class="one">content-box属性</div>
        <div class="two">border-box属性</div>
    </body>
</html>
```

在 Chrome 浏览器中的运行效果如图 5.10 所示。

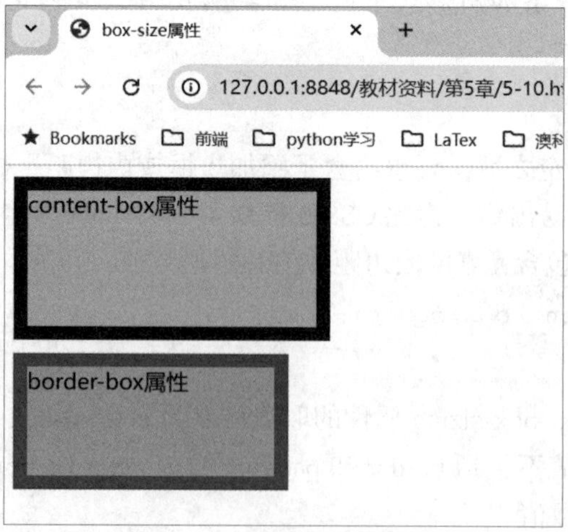

图 5.10　box-sizing 属性应用效果

上述案例中定义了两个盒子，并对它们设置相同的宽、高、右内边距和边框样式。并且，对第一个盒子定义“box-sizing:content-box;”样式，对第二个盒子定义“box-sizing:border-box;”样式。应用了“box-sizing:content-box;”样式的第一个盒子，宽度比 width 参数值多出 30 px，总宽度变为 230 px; 而应用了“box-sizing: borderbox;”样式的第二个盒子，宽度等于 width 参数值，总宽度仍为 200 px。

三、设置背景颜色和背景图像的 CSS 属性

视 频

背景属性

页面背景颜色给人一种冲击视觉感受，同时还有利于页面主体的美观感觉，在 CSS 中控制网页背景颜色和图像背景颜色是一项非常实用的技术，CSS 设计的背景能够更加方便、灵活地设置网页背景颜色和背景图像，使整个页面颜色更加丰富。

（一）背景颜色 background-color 属性

在 CSS 中，background-color 属性用于设置背景颜色，其基本语法格式如下：

```
background-color: color |transparent;
```

语法说明：

background-color 属性值说明见表 5.5。

表 5.5　background-color 属性值说明

属 性 值	说　明
color	该属性值用于设置背景颜色，可以采用英文单词、十六进制、RGB、HSL、HSLA 和 RGRBA
transparent	该属性值为默认值，表示透明，也就是没有背景颜色

background-color 属性应用示例如下：

```
<!DOCTYPE html>
<html>
    <head>
        <meta charset="utf-8">
        <title>背景颜色</title>
        <style type="text/css">
            div {
                background-color: skyblue;
                opacity: 0.5;
                width: 200px;
                height: 200px;
                margin: 0 auto;
            }
        </style>
    </head>
    <body>
        <div>背景颜色</div>
    </body>
</html>
```

在 Chrome 浏览器中的运行效果如图 5.11 所示。

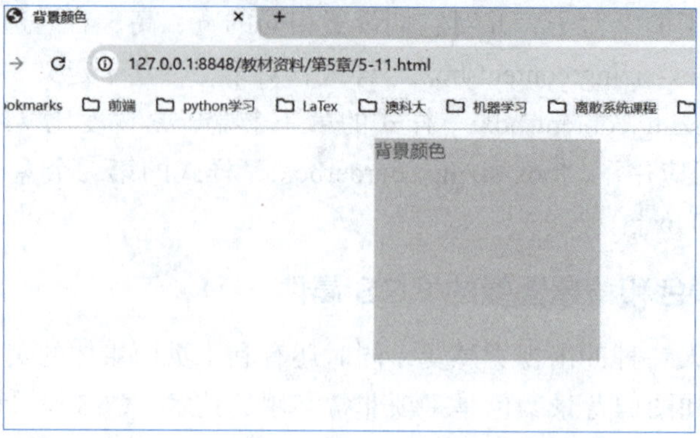

图 5.11　background-color 属性应用效果

（二）背景图像 background-image 属性

在 CSS 中，background-image 属性用于设置背景图片，其基本语法格式如下：

```
background-image: none |url;
```

语法说明：

background-image 属性值说明见表 5.6。

表 5.6　background-image 属性值说明

属 性 值	说　明
none	默认值，为无背景图片
url	该属性值定义了所需要使用的背景图片地址，图片地址可以是相对路径，也可以是绝对路径

（三）背景图像 background-repeat 属性

在 CSS 中，background-repeat 属性用于设置背景图片默认自动沿水平和竖直两个方向平铺，其基本语法格式如下：

```
background-repeat: no-repeat|repeat-x|repeat-y|repeat;
```

语法说明：

background-repeat 的默认值为 repeat，background-repeat 属性值说明见表 5.7。

表 5.7　background-repeat 属性值说明

属 性 值	说　明
no-repeat	该属性值设置背景图像不重复平铺
repeat-x	该属性值设置背景图像 x 轴水平方向重复平铺
repeat-y	该属性值设置背景图像 y 轴垂直重复平铺
repeat	该属性值设置背景图像 x 轴水平和 y 轴垂直方向都重复平铺

（四）背景图像 background-position 属性

background-position 属性用于定义背景图像在元素中的初始位置。它不仅可以用作调整图像的位置，还能与其他背景相关属性（如 background-size、background-repeat 等）结合使用，灵活控制背景图像的展示效果，其基本语法格式如下：

```
background-position: length | percentage | top| center| bottom| left| right;
```

语法说明：

background-position 属性值说明见表 5.8。

表 5.8 background-position 属性值说明

属性值	说明
length	设置背景图像与边距水平和垂直方向的距离长度，长度单位为 (cm、mm 和 px 等）
percentage	根据页面元素的宽度或高度的百分比放置
top	设置背景图像顶部显示
center	设置背景图像居中显示
bottom	设置背景图像底部显示
left	设置背景图像左部显示
right	设置背景图像右部显示

（五）背景图像 background-size 属性

在 CSS 中，如果想要控制背景图像的大小，可以使用 background-size 属性，其基本语法格式如下：

```
background-size: Pixel | percentage | cover | contain;
```

语法说明：

background-size 属性值说明见表 5.9。

表 5.9 background-size 属性值说明

属性值	说明
Pixel（像素值）	用于设置背景图像的高度和宽度。第一个值用于设置宽度，第二个值用于设置高度。如果只设置一个值，则第二个值默认为 auto
percentage（百分比）	以父元素的百分比来设置背景图像的宽度和高度。第一个值用于设置宽度，第二个值用于设置高度。如果只设置一个值，则第二个值默认为 auto
cover	把背景图像扩展至足够大，使背景图像完全覆盖背景区域。此时背景图像的某些部分可能无法显示在背景区域中
contain	按照某一边把背景图像扩展至最大尺寸，背景图像会完全显示在景区域中

（六）背景图像 background-clip 属性

在 CSS 中，可以通过设置背景的裁剪区域来控制背景的显示位置。background-clip 属性用于定义背景的裁剪区域，其基本语法格式如下：

```
background-clip: padding-box |border-box | content-box;
```

语法说明：

background-clip 属性值说明见表 5.10。

表 5.10 background-clip 属性值说明

属性值	说明
padding-box	用于设置背景图像相对于内边距定位
border-box	用于设置背景图像相对于边框定位
content-box	用于设置背景图像相对于内容边界定位

（七）背景复合属性

在 CSS 中，可以将与背景相关的样式都综合定义在一个复合属性 background 中。其基本语法格式如下：

```
background : background-color  background-image  background-repeat;
```

语法说明：

上述语法中，三个样式的值的顺序可以不唯一，不需要的样式可以省略不写。

四、CSS 3 渐变属性

（一）线性渐变

线性渐变沿着一条直线从一个颜色过渡到另一个颜色。这条直线可以是水平的、垂直的，或者任何其他角度，其基本语法格式如下：

```
background-image:linear-gradient(渐变角度,颜色值 1,颜色值 2,…,颜色值 n);
```

语法说明：

在上面的语法格式中，linear-gradient 用于定义渐变方式为线性渐变，括号内用于设定渐变角度和颜色值，具体解释如下：

• 渐变角度：可以使用角度来指定渐变方向，例如，0deg 表示从下到上的渐变，90deg 表示从左到右的渐变。角度值是按照顺时针方向旋转的，所以 180deg 表示从上到下的渐变，270deg 表示从右到左的渐变。

• 颜色值：颜色值用于设置渐变颜色，其中"颜色值 1"表示起始颜色，"颜色值 n"表示结束颜色，起始颜色和结束颜色之间可以添加多个颜色值，各颜色值之间用","隔开。

线性渐变应用示例如下：

```
<!DOCTYPE html>
<html>
    <head>
        <meta charset="utf-8">
        <title>线性渐变</title>
        <style type="text/css">
            div {
                width: 200px;
                height: 200px;
                background-image: linear-gradient(to right, red 20%, 
blue 20%, green 60%, yellow 80%);
                        /*div 的背景将从左到右显示红色、蓝色、绿色和黄色的渐变 */
            }
            p{
                width: 200px;
                height: 200px;
                border-radius: 50%;
                background-image: linear-gradient(to bottom, yellow, green 
60%, black);            /*p元素将从上到下显示黄色到绿色再到黑色的渐变*/
            }
```

```
        </style>
    </head>
    <body>
        <div></div>
        <p></p>
    </body>
</html>
```

在 Chrome 浏览器中的运行效果如图 5.12 所示。

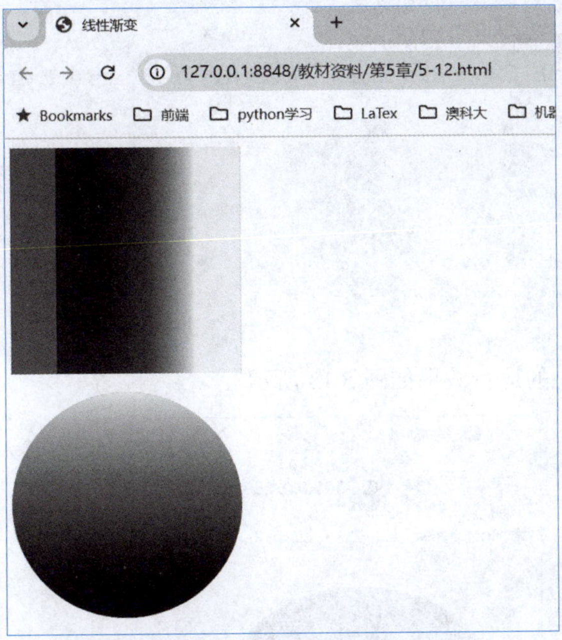

图 5.12　线性渐变应用效果

在图 5.12 中，背景从左到右显示红色、蓝色、绿色和黄色的渐变，在每一个颜色值后面还可以书写一个百分比数值，用于标示颜色渐变的位置。

（二）径向渐变

径向渐变是网页中另一种常用的渐变，在径向渐变过程中，起始颜色会从一个中心点开始，依据椭圆或圆形形状进行扩张渐变，其基本语法格式如下。

```
background-image:radial-gradient(渐变形状,圆心位置,颜色值 1,颜色值 2,…,颜色值 n);
```

语法说明：

在上面的语法格式中，radial-gradient 用于定义渐变的方式为径向渐变，括号内的参数值用于设定渐变形状、圆心位置和颜色值，对各参数的具体解释如下：

渐变形状：渐变形状用来定义径向渐变的形状，其取值既可以是定义水平和垂直半径的像素值或百分比，也可以是相应的关键词。其中关键词主要包括两个值，即 circle 和 ellipse。

颜色值：颜色值用于设置渐变颜色，其中“颜色值 1”表示起始颜色，“颜色值 n”表示结束颜色，起始颜色和结束颜色之间可以添加多个颜色值，各颜色值之间用“,”隔开。

径向渐变应用示例如下：

```
<!DOCTYPE html>
<html>
    <head>
        <meta charset="utf-8">
        <title>径向渐变</title>
        <style type="text/css">
            div {
                border-radius: 50%;
                width: 100px;
                height: 100px;
                background-image: radial-gradient(circle, green 30%,black);
            }
        </style>
    </head>
    <body>
        <div></div>
    </body>
</html>
```

在 Chrome 浏览器中的运行效果如图 5.13 所示。

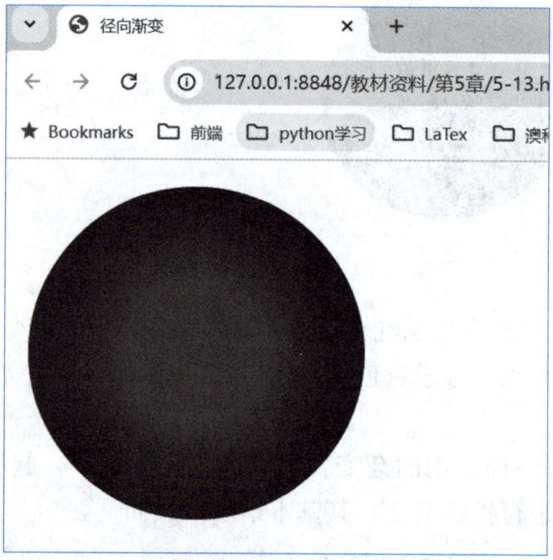

图 5.13　径向渐变应用效果

（三）重复渐变

1. 重复线性渐变

重复线性渐变（repeating-linear-gradient）是一种 CSS 3 渐变，允许创建一个无限重复的颜色条，其基本语法格式如下：

```
background-image:repeating-linear-gradient(渐变角度,颜色值 1,颜色值 2,…,颜色值 n);
```

在上述语法格式中，repeating-linear-gradient 用于定义渐变的方式为重复线性渐变，括号内的参数值参考线性渐变的解释说明。

重复线性渐变示例如下：

```
<!DOCTYPE html>
<html>
    <head>
        <meta charset="utf-8">
        <title>重复线性渐变</title>
        <style type="text/css">
            div {
                width: 300px;
                height: 100px;
                background-image: repeating-linear-gradient(
                    -45deg,red 0,red 10px,blue 10px,blue 20px );
                }
        </style>
    </head>
    <body>
        <div>重复线性渐变示例</div>
    </body>
</html>
```

在 Chrome 浏览器中的运行效果如图 5.14 所示。

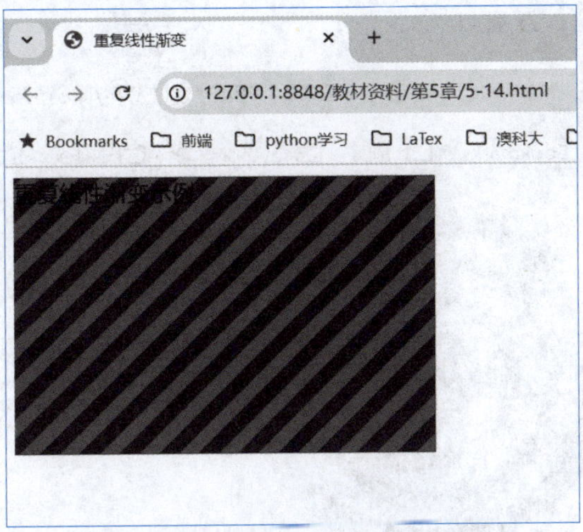

图 5.14　重复线性渐变应用效果

2. 重复径向渐变

重复径向渐变（repeating-radial-gradient）是一种 CSS 3 渐变，允许创建一个无限重复的颜色条，其基本语法格式如下：

```
background-image:repeating-linear-gradient(渐变角度,颜色值 1,颜色值 2,…,颜色值 n);
```

在上述语法格式中，repeating-radial-gradient 用于定义渐变的方式为重复径向渐变，括号内的参数值参考径向渐变的解释说明。

重复径向渐变示例如下：

```
<!DOCTYPE html>
<html>
    <head>
        <meta charset="utf-8">
        <title>重复径向渐变</title>
        <style type="text/css">
            div{
                width: 200px;
                height: 200px;
                border-radius: 50%;
                background-image: repeating-radial-gradient(circle at 50% 50%, #FF0000,#FFFF33 10%, #00FF00 15%);
            }
        </style>
    </head>
    <body>
        <div></div>
    </body>
</html>
```

在 Chrome 浏览器中的运行效果如图 5.15 所示。

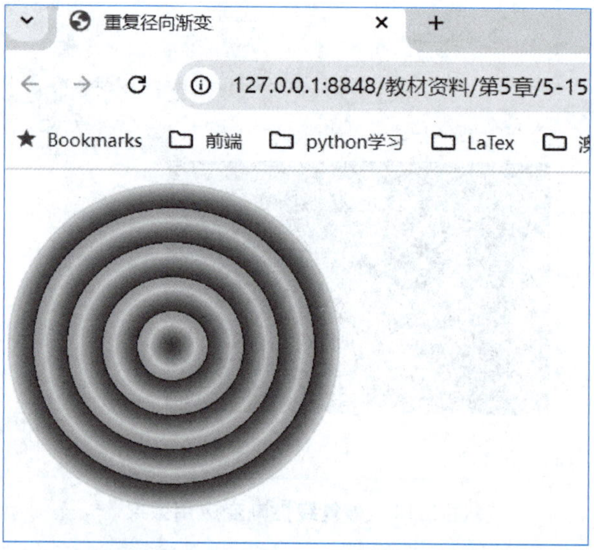

图 5.15　重复径向性渐变效果

任务一　使用CSS盒子模型布局“广州红色旅游文化”明信片

任务描述

小丁同学打算设计一个“广州红色旅游文化”明信片，在制作网页之前先使用盒子模型对页面进行整体布局，自由地控制元素的宽度、高度、内边距、边框和外边距，能更好地定义页面中 HTML 元素如何显示和包裹内容。

任务展示

任务实施

1.【导入项目】通过选择“文件”→“导入”→“从本地目录导入”命令打开“广东省红色文化网站”项目。

2.【新建 HTML 文件】在项目文件夹中，通过选择“新建”→“.html 文件”命令创建“广州红色文化明信片布局 .html”文件。

3.【新建各种标签】在 <body></body> 之间，添加各种标签和类的选择器：

```
<div class="postcard">
    <div class="postcard-image">城市照片</div>
    <div class="postcard-content">
        <h1 class="postcard-title">标题</h1>
        <p class="postcard-intro">内容</p>
        <p class="postcard-link"><a href="#" >链接文体</a></p>
    </div>
</div>
```

4.【新建各种 CSS 样式】在 <head></head> 之间，添加内嵌样式：

```
<style type="text/css">
    /* 基本重置 */
    * {
        margin: 0;
        padding: 0;
        box-sizing: border-box;
    }
```

```
body{
    text-align: center;
}
/*明信片样式*/
.postcard {
    width: 600px;                    /*明信片宽度*/
    height: 700px;                   /*明信片高度*/
    border: 1px solid #ddd;          /*边框*/
    border-radius: 15px;             /*圆角边框*/
    overflow: hidden;                /*确保图片不会超出边框*/
    margin: 20px auto;               /*居中显示*/
    background-color: #f9f9f9;       /*背景颜色*/
    box-shadow: 0 4px 8px rgba(0, 0, 0, 0.3);      /*阴影效果*/
}

/*图片样式*/
.postcard-image {
    width: 100%;                     /*宽度填满容器*/
    height: 480px;                   /*高度*/
    overflow: hidden;                /*确保图片不会超出容器*/
    background-color: gray;
}
.postcard-image img {
    width: 100%;                     /*图片宽度填满容器*/
    height: 100%;                    /*图片高度填满容器*/

}
/*内容区域样式*/
.postcard-content {
    padding: 20px;                   /*内边距*/
    background-color: skyblue;
    width: 100%;                     /*图片宽度填满容器*/
    height: 15spx;                   /*图片高度填满容器*/
}
/*标题样式*/
.postcard-title {
    margin-bottom: 10px;             /*外边距*/
    color: #333;                     /*字体颜色*/
    font-size: 2em;                  /*字体大小*/
    text-align: center;              /*文本居中*/
    background-color: pink;
}
/*简介样式*/
.postcard-intro {
```

```
        font-size: 1em;
        color: #666;
        line-height: 1.5;             /*行高*/
        background-color: lightgoldenrodyellow;
    }
    .postcard-link{
        background-color: #3498DB;
    }
</style>
```

技巧与提高

避免过度嵌套盒子：在网页布局中过多的盒子嵌套会增加浏览器的渲染负担，降低页面性能。尽量简化 HTML 结构，减少不必要的嵌套。例如，如果只是为了添加一些简单的样式而嵌套多个 div 元素，可能会导致页面加载速度变慢。可以考虑使用 CSS 的组合选择器或者其他高级选择器来减少嵌套。

注意浏览器兼容性：不同浏览器对盒子模型的默认解释可能会有所不同。在使用盒子模型进行布局时，要注意浏览器的兼容性问题。IE 浏览器在早期版本中有自己的盒子模型（怪异盒子模型），可以通过在 CSS 中添加通用选择器 *{box-sizing:border-box;}（这种方式会影响所有元素）或者针对特定元素设置 box-sizing 属性来统一盒子模型的计算方式，提高布局在不同浏览器中的一致性。

任务二　使用CSS美化“广州红色旅游文化”明信片页面

任务描述

小丁同学已经完成“广州红色旅游文化”明信片的页面布局（任务一），他要通过 CSS 的各种样式美化该明信片，让广州的红色旅游走向全世界，成为打卡和收藏的热门选择。

任务展示

任务实施

1.【导入项目】通过选择“文件”→“导入”→“从本地目录导入”命令打开“广东省红色文化网站”项目。

2.【新建 HTML 文件】在项目文件夹中，通过选择“复制”→“广州红色文化明信片布局 .html 文件，”重命名为“广州红色文化明信片 .html”文件。

3.【新建各种标签】在 <body></body> 之间，添加图片标签、超链接标签和文本内容：

```
<div class="postcard">
    <div class="postcard-image">
        <img src="img/canton.png" alt="广州红色文化资源">
    </div>
    <div class="postcard-content">
        <h1 class="postcard-title">广州红色文化资源</h1>
        <p class="postcard-intro">广州，这座历史悠久的城市，拥有丰富的红色文化
资源，见证了中国近现代史上的许多重要事件。
        </p>
        <p class="postcard-link"><a href="#" >了解更多</a></p>
    </div>
</div>
```

4.【新建各种 CSS 样式】在 <head></head> 之间的内嵌样式基础上，增加美化的 CSS 样式。

```
<style type="text/css">
    /* 基本重置 */
    * {
        margin: 0;
        padding: 0;
        box-sizing: border-box;
    }
    body{
        background-image: linear-gradient(to bottom, rgba(255, 0, 0,
0.8), rgba(255, 0, 0,0));
        /*背景颜色从红色渐变到白色 */
        background-repeat: no-repeat;
    }
    /* 明信片样式 */
    .postcard {
        width: 600px;                 /*明信片宽度*/
        height: 700px;                /*明信片高度*/
        border: 1px solid #ddd;       /*边框*/
        border-radius: 15px;          /*圆角边框*/
        overflow: hidden;             /*确保图片不会超出边框*/
        margin: 20px auto;            /*居中显示*/
        background-color: #f9f9f9;   /*背景颜色*/
```

```
    box-shadow: 0 4px 8px rgba(0, 0, 0, 0.3);      /* 阴影效果*/
}
/*图片样式*/
.postcard-image {
    width: 100%;                      /*宽度填满容器*/
    height: 480px;                    /*高度*/
    overflow: hidden;                 /*确保图片不会超出容器*/
}
.postcard-image img {
    width: 100%;                      /*图片宽度填满容器*/
    height: 100%;                     /*图片高度填满容器*/
    object-fit: cover;                /*保证图片覆盖整个容器，不失真*/
}
/*内容区域样式*/
.postcard-content {
    padding: 20px;                    /*内边距*/
    width: 100%;                      /*图片宽度填满容器*/
    height: 15spx;                    /*图片高度填满容器*/
}
/*标题样式*/
.postcard-title {
    margin-bottom: 10px;              /*外边距*/
    color: #333;                      /*字体颜色*/
    font-size: 2em;                   /*字体大小*/
    text-align: center;               /*文本居中*/
}
/*简介样式*/
.postcard-intro {
    font-size: 1em;
    color: #666;
    line-height: 1.5;                 /*行高*/
}
/*链接样式*/
.postcard link {
    padding: 10px 20px;               /*内边距*/
    background-color: #FF0000;        /*背景颜色*/
    border-radius: 5px;               /*圆角边框*/
    text-align: center;
}
.postcard-link a{
    color: white;                     /*字体颜色*/
    text-decoration: none;            /*去除下划线*/
    font-size: 1em;                   /*字体大小*/
}
```

```
    .postcard-link:hover {
        background-color: #FFA500;    /*鼠标悬停时的背景颜色*/
    }
</style>
```

技巧与提高

盒模型控制技巧：使用 box-sizing: border-box 统一尺寸计算方式，让 width/height 包含 padding 和 border，避免布局错位。

智能间距方案：使用 margin 负值实现特殊布局效果，如元素重叠、全屏溢出等，通过 padding 百分比技术构建响应式比例容器。

高级边框应用：使用 box-shadow 实现多重边框效果，结合 border-image 创建渐变或图案边框。

项目评价

班级：　　　　　小组：　　　　　姓名：　　　　　学号：　　　　　综合评分：

序　号	任务内容	实施结果自评	小组互评
1	CSS 盒子模型布局（width、height、margin、padding 属性的设置）		
2	盒子圆角边框、阴影效果的设置		
3	背景颜色和渐变背景的设置		

项目六

“广东红色文化”主题网站制作——DIV+CSS网页布局

项目导读

网页设计的第一步要实现页面的整体布局，只有布局后才能将内容填充到页面中。DIV+CSS网页布局是为了便于以后对网页进行修改操作，真正实现了结构分离的网页，是符合Web标准的网页设计。小丁在学习了盒子模型之后想要设计更加复杂的页面布局，本项目中他将通过认真学习，掌握基于DIV+CSS的网页布局和浮动布局的方法，用学到的知识内容进行页面的布局和美化。

学习目标

知识传递

- 了解布局的几种模式
- 理解浮动布局的用法
- 掌握固定定位、绝对定位、相对定位的用法
- 理解响应式设计创建网页的方法

能力培养

- 能使用DIV + CSS进行布局
- 能够为元素设置浮动样式
- 能使用定位元素设计各种导航

价值引领

- 践行工匠精神

DIV+CSS布局时，在设置元素的尺寸、边距、颜色等属性时强调精准性和细节处理的重要性。优秀的设计师会反复用代码雕琢每一个细节，以追求极致的品质。引导学生设计一个具有创新性的网页界面，重点在于鼓励他们从用户需求、主题表达、视觉美感等方面综合考虑，大胆尝试新的布局组合和交互方式，在自己的练习和作业中养成严谨、细致的习惯，培养精益求精的工匠精神。

• 筑牢知识产权意识

在讲解不同的布局技巧时，讲授互联网的一些页面已经申请知识产权，列举国内重大创新成果及其知识产权案例，分析专利、商标、软件著作权、实用新型等不同类型知识产权的特点和区别，讲解知识产权相关的法律法规，让学生了解法律对知识产权保护的具体规定和要求。

• 培养创新思维与自主学习能力

引导学生思考如何通过 DIV+CSS 的灵活运用，突破传统思维定式，展现个性化的设计风格。在当今竞争激烈的时代，创新是推动社会进步、个人发展的关键动力。因此要鼓励学生不断挖掘新的思路和方法，培养创新意识和勇于探索未知的精神。

• 践行团队协作与知识共享

要求学生运用 DIV+CSS 与浮动布局共同完成一个复杂的网页作品。在小组协作过程中，每个成员都有自己的优势和不足，有的学生可能对 DIV 结构划分理解深刻，有的则在 CSS 样式调整特别是浮动布局的细节处理上更有经验。通过团队成员之间的交流协作、知识共享，能够提高整个团队的项目完成效率和质量。

知识准备

一、经典布局与 CSS 布局

在设计网页之前，首先要对网页布局有一个总体思路，然后就可以用盒子对网页进行大致分块设定。例如，一种典型的布局结构是将页面划分为头部、主题、底部三部分。当然也可以将页面划分为更多或更少的部分，或在设计过程中根据需要随时改变，这正是 DIV+CSS 布局更为合理灵活之所在。然后利用各种标记、属性对块内及块间相对位置进行详细设计和调整。在网页设计中，一些经典的布局模式被广泛应用。这些布局模式通常根据网页的结构和内容的排列方式来确定。以下是一些常见的经典网页布局：

单列布局：页面内容沿着一条垂直的单列排列，适用于简单的网页结构或移动设备上的页面。

两列布局：页面内容分为左右两列，通常用于展示主内容和侧边栏等信息，如图 6.1 所示。

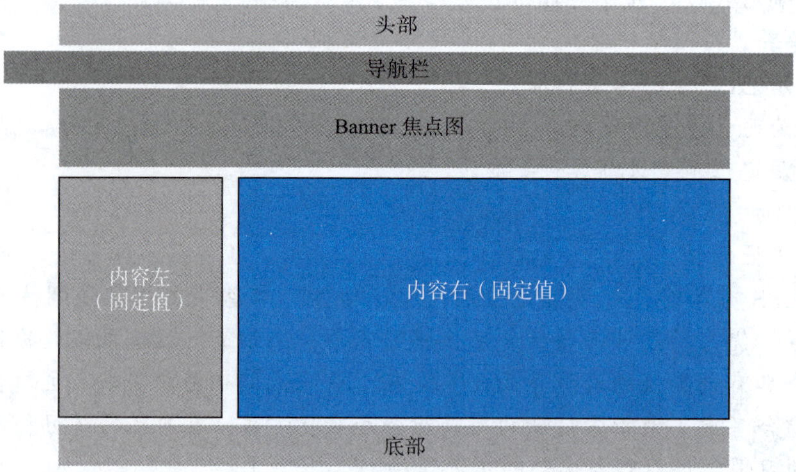

图 6.1　两列布局效果

三列布局：页面内容分为左中右三列，通常用于更复杂的网页结构，如新闻网站或博客，如图 6.2 所示。

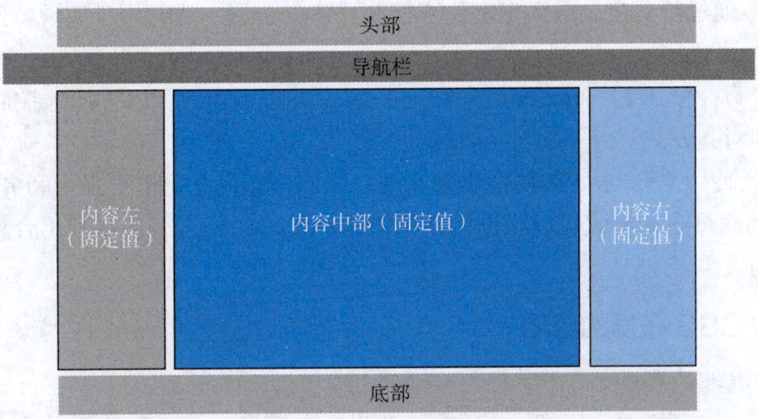

图 6.2　三列布局效果

流式布局：页面内容随着浏览器窗口大小的改变而自适应调整布局，使得页面在不同设备上都能够良好地显示，如图 6.3 所示。

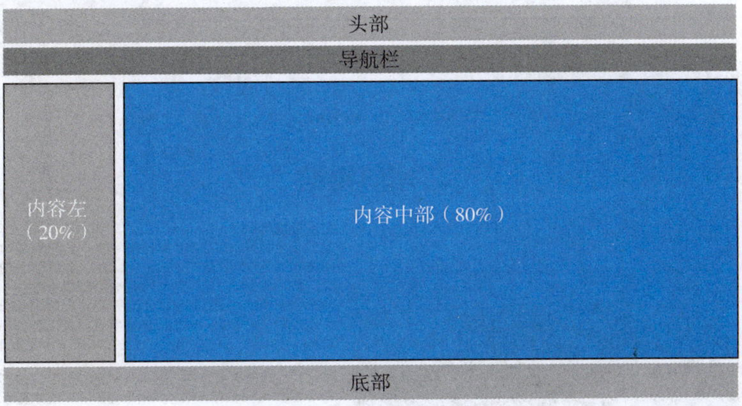

图 6.3　流式布局效果

响应式布局：与流式布局类似，但响应式布局更注重在不同设备上提供不同的布局和样式，以提高用户体验，如图 6.4 所示。

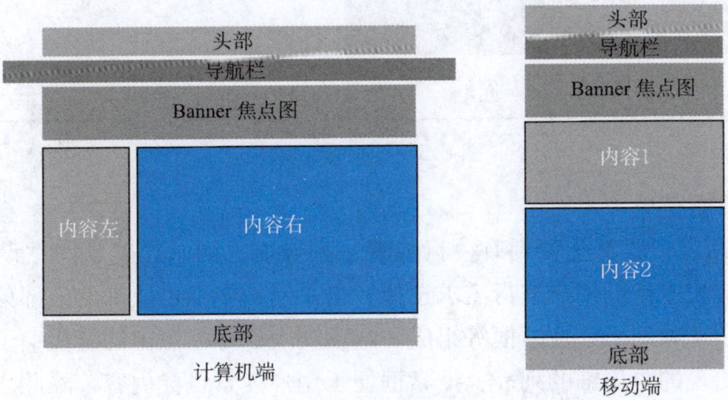

图 6.4　响应式布局显示效果

栅格布局：使用栅格系统将页面分隔为多个列和行，使得内容可以以网格的形式排列，常用于设计复杂的页面结构。

定位布局：通过绝对定位或固定定位来控制元素的位置，通常用于实现特殊效果或实现复杂的页面布局。

Flexbox 布局：使用 Flexbox 模型来实现灵活的页面布局，可以方便地控制项目在容器中的位置、大小和对齐方式。

Grid 布局：使用 CSS Grid 布局模块来实现二维网格布局，提供更强大和灵活的布局方式。

这些经典的网页布局模式可以根据网站的需求和设计风格进行选择和组合，以实现合适的页面结构和布局效果。

二、DIV+CSS 布局的应用

（一）图文混编的实现

如图 6-5 所示，案例中使用了一个 <div> 元素包含图像、标题和段落。通过 CSS 样式，将该 <div> 元素设置为居中显示，并设置了一些基本的样式，如内边距、边框、圆角、阴影、最大宽度和居中对齐。图像、标题和段落分别使用 <img>、<h1> 和 <p> 标签插入，并分别设置了它们的样式，如图像的宽度、标题的字体大小和段落的颜色等。

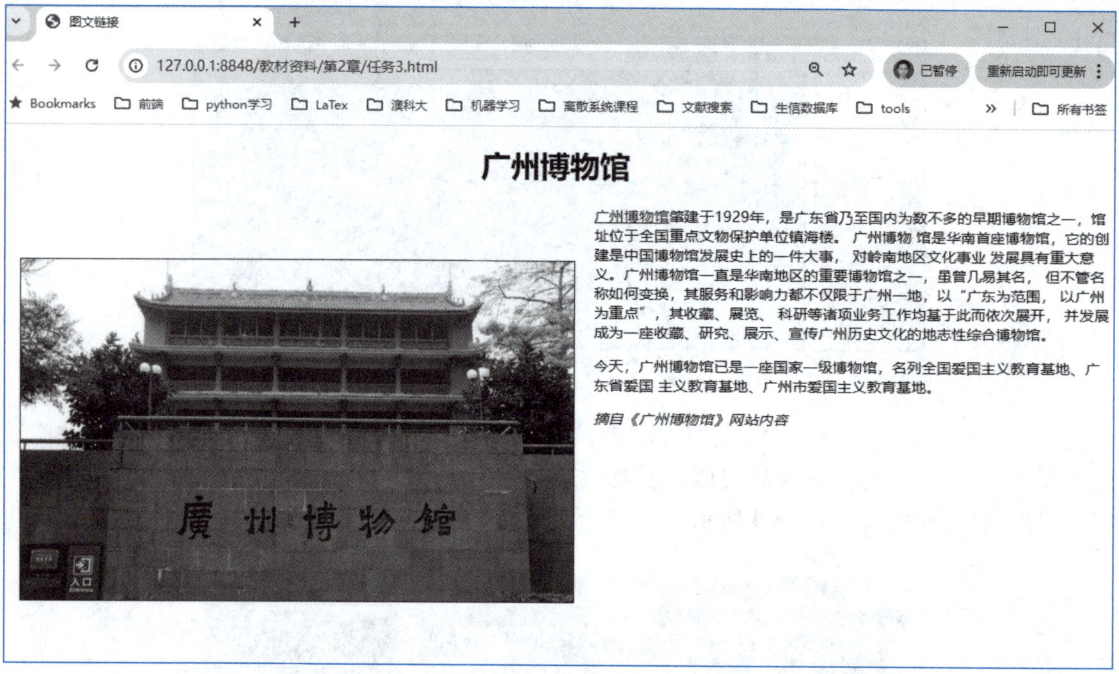

图 6.5　图文混排效果

（二）制作导航菜单

进入一个网站后，通常会看到有一行或者一列导航。网站导航是网站设计中至关重要的组成部分，它能够快速帮助用户进行需求选择，也是网站中不可或缺的一部分。CSS 导航栏一般由选项列表、子选项列表和搜索框等组成。选项列表是可以点击的链接，子选项列表是鼠标滑过选项列表时出现的更详细的列表，搜索框便于用户搜索目标内容。除此之外，还可以添加 Logo 等元素增加导航栏的个性化，图 6.6 所示为一个经典的导航菜单。

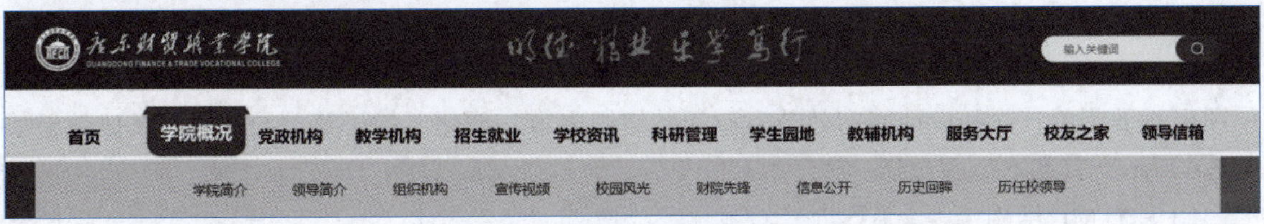

图 6.6　经典的导航菜单效果

CSS 可以设置导航栏的各种外观，包括背景色、宽度、高度、边框等，通过调整这些属性可以使得导航栏更加美观易用。CSS 导航栏可以通过 CSS 伪类和 JavaScript 脚本实现响应用户的鼠标事件、键盘事件和触控事件，使得导航栏更加智能和方便用户使用。

1. 水平顶部导航栏

创建水平顶部导航栏的具体效果如图 6.7 所示，其基本步骤包括：

（1）创建 HTML 结构

使用 <nav> 标签包含导航栏内容，使用 <ul> 和 <li> 标签创建导航菜单项。

（2）设计 CSS 样式

使用 CSS 控制导航栏的布局，包括设置其为水平排列、背景颜色、文字颜色和响应式设计等。

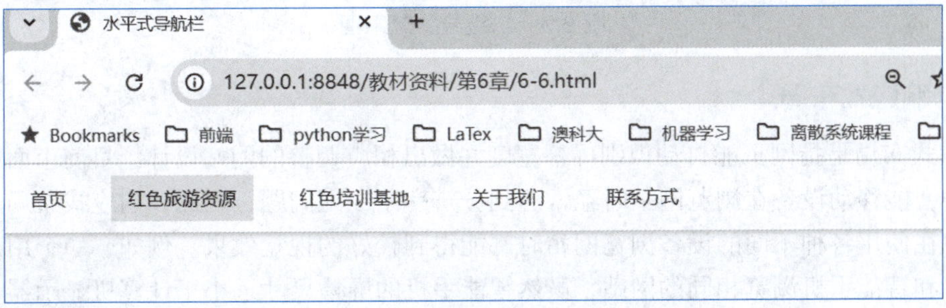

图 6.7　水平顶部导航效果

2. 纵向侧边导航栏

纵向侧边导航栏（vertical sidebar navigation）通常位于网页的左侧或右侧，为用户提供快速访问页面各部分的链接，如图 6.8 所示，它适合具有较多菜单选项或层次结构的网站。

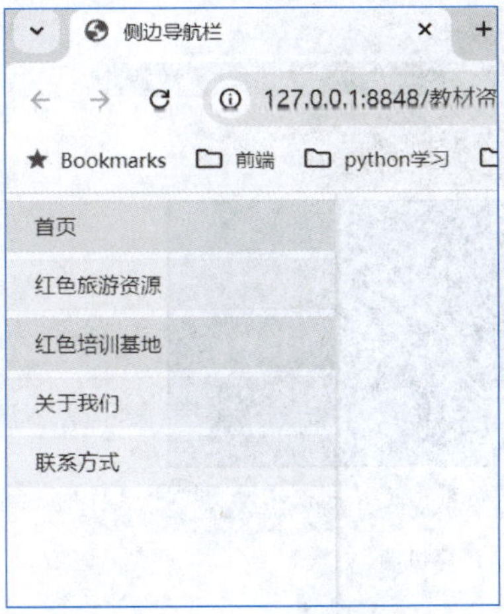

图 6.8　侧边导航效果

3. 下拉子菜单导航栏

下拉子菜单导航栏（又称二级导航）是一种常见的网页导航设计，允许用户通过点击主菜单项展开子菜单。这种设计能有效节省空间并组织内容。创建下拉子菜单导航栏的具体效果如图 6.9 所示，其基本步骤包括：

（1）HTML 结构

使用 <nav> 标签包含导航栏，主菜单使用 <ul> 和 <li> 标签，子菜单则嵌套在主菜单项中。

（2）CSS 样式

通过 CSS 控制下拉菜单的显示与隐藏，并完成下拉菜单的布局和样式设计。

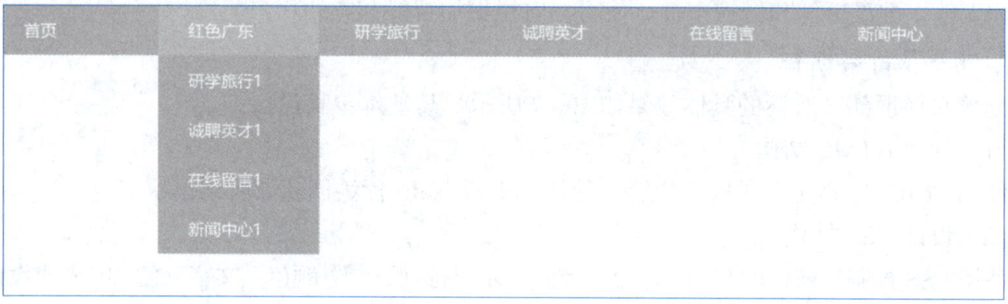

图 6.9　二级导航效果图

三、响应式布局

响应式布局是指网页能自动识别屏幕宽度并做出相应调整的网站设计。目前市面上用户使用的各种智能移动设备在浏览网页时经常遇到分辨率不匹配问题，因此，响应式布局的实质就是让用户在使用各种不同的设备浏览网站时都能得到较好的视觉效果。例如，一个用户先后使用计算机和智能手机浏览相同的网站，虽然智能手机的屏幕尺寸远小于计算机显示器，但是用户却没有感觉到任何差异，这就是响应式布局带来的好处，如图 6.10 所示。随着使用智能设备连到因特网的用户数量不断增加，响应式布局的优点就更加明显。在响应式布局的网站设计中，一个网站可以兼容多个终端，如计算机、智能手机以及各种移动设备，使用户体验到舒适的上网感觉。因此，响应式布局的网站设计更加科学和人性化。

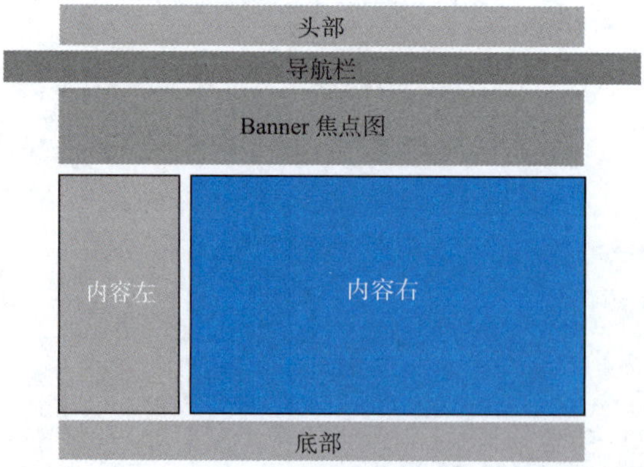

（a）计算机端

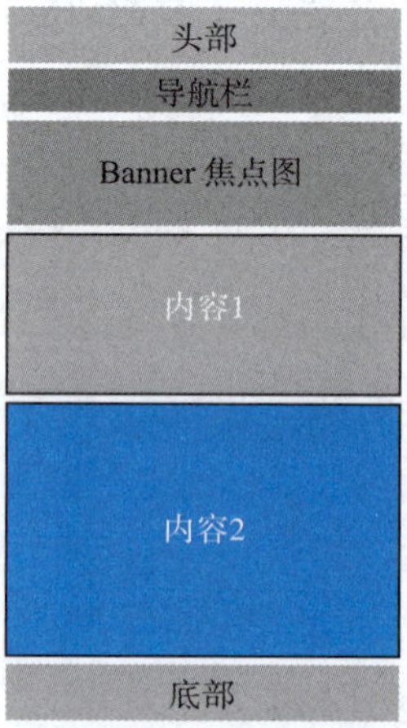

（b）移动端

图 6.10　响式应布局计算机端与移动端布局效果图

响应式布局的主要优点如下：

- 网站在面对各种上网设备时灵活性强，能够解决设备屏幕的显示问题；
- 以移动端用户的体验为主，使用方便，不需要安装任何的 App。

目前，响应式布局网站也存在如下一些问题：

- 要兼容各种设备，效率可能较低；
- 在实际运行中可能会增加加载时间。

四、元素的浮动

初学者在设计一个页面时，通常会按照默认的排版方式，将页面中的元素从上到下一一罗列，这样的布局看起来呆板、不美观。那么，如何对页面重新排版，使页面变得整齐、有序呢？这就需要为元素设置浮动。下面介绍如何对元素设置浮动。

视 频

浮动属性与消除浮动

（一）元素的 float 属性

float（浮动）属性是 CSS 的重要属性，网页中模块的横向排列可以通过浮动属性进行设置。元素的浮动是指设置了浮动属性的元素会脱离标准文档流的控制，移动到其父元素中相应位置的过程，是 CSS 布局中最常用的属性之一。通过 float 属性定义浮动的基本语法格式如下：

```
float: none|left|right;
```

语法说明：

float 属性的默认值为 none，表示不浮动，也就是标准流通常的情况。

如果将 float 属性值设置为 left 或 right，元素就会向其父元素的左侧或右侧浮动（见表 6.1）；同时在默认情况下，盒子的宽度不再伸展，而是会收缩，具体由盒子中内容的宽度确定。当将一个盒子设置为浮动时，它将脱离标准流而浮动到目标位置。在 CSS 中，任何元素都可以浮动，浮动的对象可以向左或向右移动，直到它的外边缘碰到包含块（父元素）或另一个浮动框（浮动对象）的边框为止。例如，在一行之中只有极少的空间可供元素浮动，则浮动元素会跳至下一行，这个过程会持续到某一行拥有足够的空间为止。

表 6.1 float属性值说明

属 性 值	说 明
none	默认值，元素不浮动
left	使元素向左浮动
right	使元素向右浮动

下面通过几个简单的示例介绍浮动的属性，先制作一个基础页面，THML 代码及 CSS 样式如下，后面的一系列浮动实验都将基于该文件进行。

```
<!DOCTYPE html>
<html>
    <head>
        <meta charset="utf-8">
        <title>float属性</title>
        <style type="text/css">
            .father{background-color: pink;
```

```
            border: 1px dashed #000000;
        }
        .son1,.son2,.son3 {width: 100px;
            height: 100px;
            background-color: skyblue;
            border: 1px gray solid;
            margin: 10px;
        }
        p{border: 1px solid #000;
            background-color: #CCCCCC;
        }
    </style>
</head>
<body>
    <div class="father">
        <div class="son1">box 1</div>
        <div class="son2">box 2</div>
        <div class="son3">box 3</div>
        <p>这里是浮动框外的文字，这里是浮动框外的文字，这里是浮动框外的文字，这
里是浮动框外的文字，这里是浮动框外的文字，这里是浮动框外的文字，这里是浮动框外的文字，这里
是浮动框外的文字，这里是浮动框外的文字，这里是浮动框外的文字，这里是浮动框外的文字，这里是
浮动框外的文字，这里是浮动框外的文字。</p>
    </div>
</body>
</html>
```

在 Chrome 浏览器中的运行效果如图 6.11 所示。

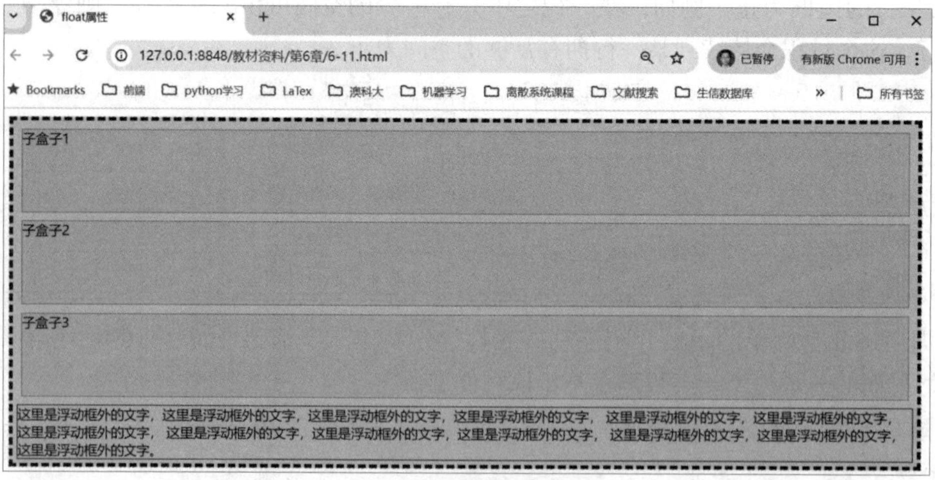

图 6.11　不设置浮动时的默认排列效果

图 6.11 中的代码定义了四个 div 块元素，其中一个是父块元素，另外三个是子块元素。为了便于观察，将各个块都加上了边框及背景色，并且让 <body> 标记及各个 div 块都有一定的外边距值。

三个子 div 块如果都没有设置任何浮动属性，则处于标准流中的盒子状态。在父盒子中，三个子盒子各自向右伸展，并在竖直方向上依次排列，效果如图 6.11 所示。

接下来，在图 6.11 的基础上演示元素的左浮动效果。以子盒子 1 为设置对象，对其应用左浮动样式，增加具体 CSS 代码如下：

```
.son1{ float: left; }                    /*定义子盒子1左浮动*/
```

保存 HTML 文件，刷新页面，效果如图 6.12 所示。

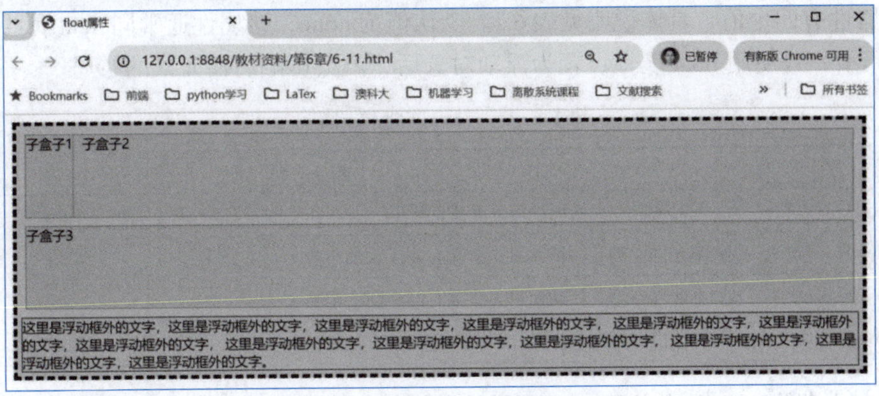

图 6.12　子盒子 1 左浮动效果

接下来，在上述设置的基础上，继续为子盒子 2 设置左浮动，增加具体 CSS 代码如下：

```
.son1, .son2{ float: left; }             /*定义子盒子1、2左浮动*/
```

设置效果如图 6.13 所示。

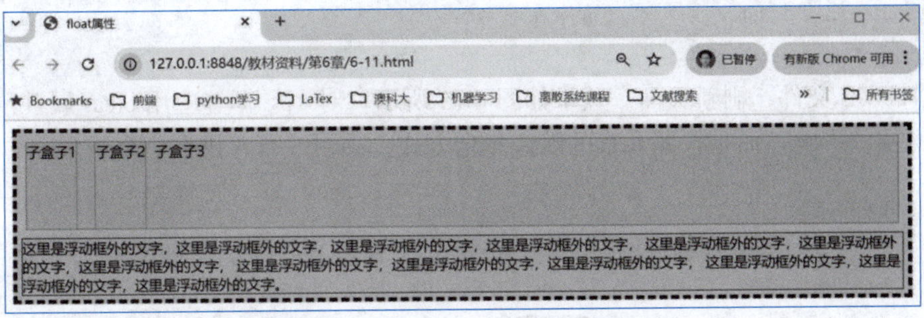

图 6.13　子盒子 1、2 左浮动效果

接下来，在上述设置的基础上，继续为子盒子 3 设置左浮动，增加具体 CSS 代码如下：

```
.son1, .son2,.son3{ float: left; }      /*定义子盒子1、2、3左浮动*/
```

设置效果如图 6.14 所示。

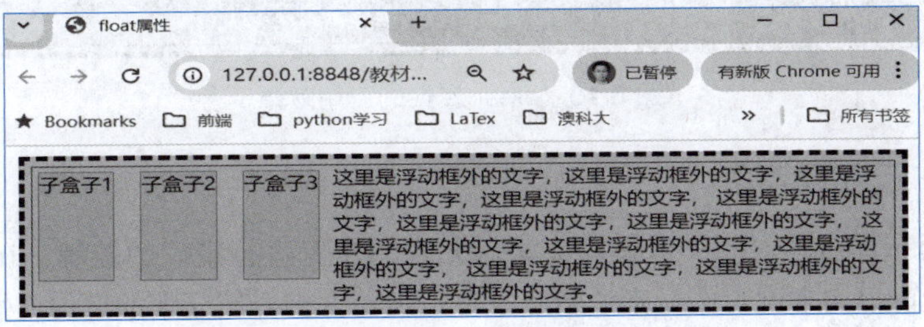

图 6.14　子盒子 1、2、3 左浮动效果

（二）清除浮动属性

clear 属性用于清除元素左右两侧浮动。然而在制作网页时，经常会遇到一些特殊的浮动影响，例如，对子元素设置浮动时，如果不对其父元素定义高度，则子元素的浮动会对父元素产生影响。

```
clear: none|left|right|both;
```

语法说明：

clear 属性有四个值，具体说明见表 6.2。默认值为 none，该属性通常同 float 属性配合使用，因为有些元素一旦使用 float 属性设置为浮动对象后，就会影响后面元素的布局。

表 6.2　clear 属性值说明

属　性　值	说　　明
both	同时清除左、右两侧浮动元素的影响
left	不允许左侧有浮动元素（清除左侧浮动的影响）
right	不允许右侧有浮动元素（清除右侧浮动的影响）
none	默认值

对图 6.14 中的 <p> 标签应用 clear 属性清除浮动元素对段落文本的影响，修改 <p> 标记的 CSS 代码如下：

```
p{border: 1px solid #000;
    background-color: #CCCCCC;
    margin: 5px;
    clear: left;          /*清除左浮动*/
}
```

保存 HTML 文件，刷新页面，效果如图 6.15 所示。对 <p> 标签应用 clear 属性清除浮动元素对段落文本的影响，而是按照元素的默认排列方式，独占一行，排在三个子盒子的下面。

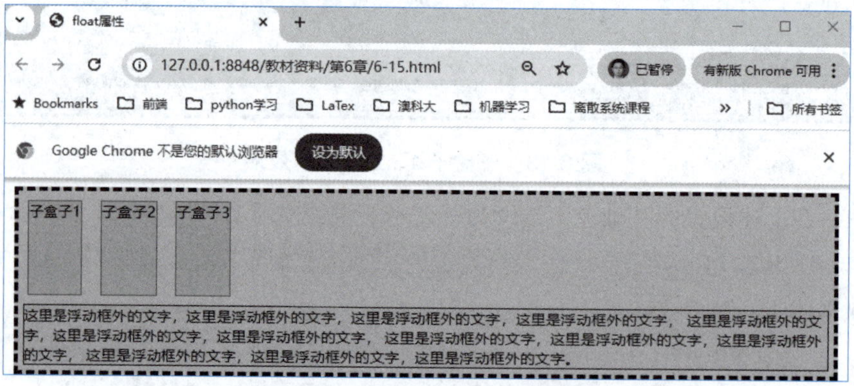

图 6.15　clear 属性的应用效果

视 频

元素的定位

五、元素的定位

浮动布局虽然灵活，但是却无法对元素的位置进行精确的控制。在 CSS 中，通过定位属性可以实现网页中元素的精确定位。下面详细介绍元素的定位属性及常用的定位方式。

（一）position 属性

position 属性设置对象的定位方式，如相对定位方式、绝对定位方式等。其基本语法格式如下：

```
position: static|relative|absolute|fixed;
```

语法说明：

在上述语法中，position 属性值有四个，分别表示不同的定位方式，具体说明见表 6.3。

表 6.3　position 属性值说明

属　性　值	说　　明
static	静态定位（默认定位方式）
relative	相对定位，相对于其原文档流的位置进行定位
absolute	绝对定位，相对于其上一个已经定位的父元素进行定位
fixed	固定定位，相对于浏览器窗口进行定位

absolute 表示元素为绝对定位方式，相对于 static 定位以外的第一个父元素进行定位。这种定位方式会将元素转换成块元素（无论之前是块元素还是内联元素，比如 span 元素设置为绝对定位后，可以设置宽度和高度）。当元素设置成绝对定位后，会从正常的文档流中脱离，其后面的元素会完全忽略该绝对定位元素。

fixed 表示固定定位方式，它以浏览器窗口作为参照物定义网页元素。对元素设置固定定位后，它将脱离标准文档流的控制，始终依据浏览器窗口定义自己的显示位置。不管浏览器滚动条如何滚动，也不管浏览器窗口的大小如何变化，该元素都始终显示在浏览器窗口的固定位置。

定位方式（position）仅用于定义元素以哪种方式定位，并不能确定元素的具体位置。在 CSS 中，通过边偏移属性 top、bottom、left 或 right 精确定位元素的位置。

1. 静态定位 static

static 为默认值。表示没有定位，元素出现在正常的文档流中（忽略 top 属性、bottom 属性、left 属性、right 属性或者 z-index 属性）。元素按照 HTML 文档中的顺序显示。

2. 相对定位 relative

relative 表示元素为相对定位方式，相对于其正常位置进行定位。当相对定位元素偏移出其正常的文档流位置时，其仍然占据原来文档流中的位置，只是在视觉上它偏离了正常位置。由于相对定位造成的空白，其他元素也不会自动填补（其他元素会认为相对定位的元素还在原来默认的位置）。

相对定位应用示例如下：

```
<!doctype html>
<html>
    <head>
        <meta charset="utf-8">
        <title>元素的相对定位</title>
        <style type="text/css">
```

```
body{ margin:0px; padding:0px; font-size:18px; font-weight:bold;}
.father{
    margin:10px auto;
    width:300px;
    height:300px;
    padding:10px;
    background:#ccc;
    border:1px solid #000;
}
    .child01,.child02,.child03{
    width:100px;
    height:50px;
    line-height:50px;
    background:pink;
    border:1px solid #000;
    margin:10px 0px;
    text-align:center;
}
.child02{
    position:relative;              /*相对定位*/
    left:150px;                     /*距左边线150 px*/
    top:100px;                      /*距顶部边线100 px*/
}
        </style>
    </head>
    <body>
        <div class="father">
            <div class="child01">子盒子1</div>
            <div class="child02">子盒子2</div>
            <div class="child03">子盒子3</div>
        </div>
    </body>
</html>
```

在 Chrome 浏览器中的运行效果如图 6.16 所示。对子盒子 2 设置相对定位并通过偏移属性 left 和 top 改变其位置，它会相对于其自身的默认位置进行偏移，但是它在文档流中的位置仍然保留。

3. 绝对定位 absolute

absolute 表示元素为绝对定位方式，相对于 static 定位以外的第一个父元素进行定位。这种定位方式会将元素转换成块元素（无论之前是块元素还是内联元素，比如 span 元素设置为绝对定位后，可以设置宽度和高度）。当元素设置成绝对定位后，会从正常的文档流中脱离，其后面的元素会完全忽略这个绝对定位的元素。

在上述示例的基础上，将子盒子 2 的定位模式设置为绝对定位，即将 CSS 样式更改如下：

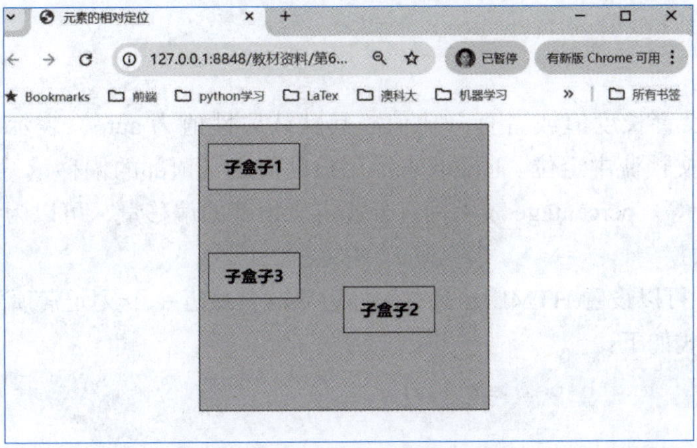

图 6.16　元素的相对定位效果

```
.child02{
    position:absolute;              /*绝对定位*/
    left:150px;                     /*距左边线150 px*/
    top:100px;                      /*距顶部边线100 px*/
}
```

保存 HTML 文件，刷新页面，效果如图 6.17 所示。子盒子 2 设置为绝对定位后，会依据浏览器窗口进行定位，子盒子 3 占据了子盒子 2 的位置，子盒子脱离了标准文档流的控制，不再占据标准文档流的空间。

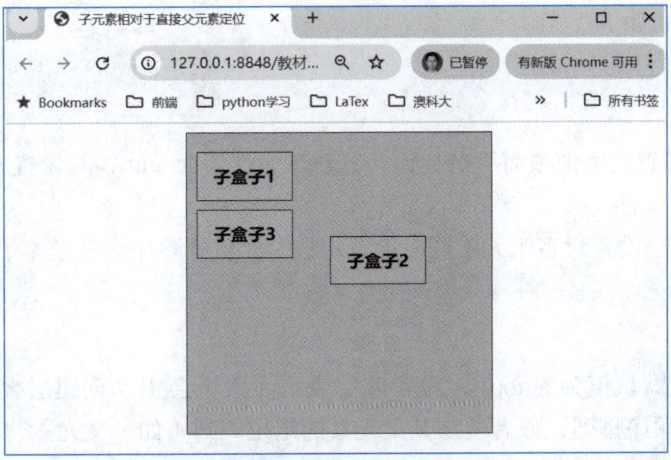

图 6.17　元素的绝对定位效果

4. 固定定位 fixed

fixed 表示固定定位方式，它以浏览器窗口作为参照物定位网页元素。对元素设置固定定位后，它将脱离标准文档流的控制，始终依据浏览器窗口定义自己的显示位置。不管浏览器滚动条如何滚动，也不管浏览器窗口的大小如何变化，该元素都始终显示在浏览器窗口的固定位置。

（二）top 属性

通过 top 属性，可以设置 HTML 元素顶部外边界与其最近一个父元素顶部边界的偏移量。其基本语法格式如下：

```
top : auto|length|percentage;
```

语法说明：

top 属性可以设置长度值或者百分比值。其默认属性值为 auto，表示无特殊定位，根据 HTML 定位规则在文档流中定位。length 表示用长度值定义顶部的偏移量，可以为负值，单位一般为 px、cm、in 等。percentage 表示用百分比定义顶部的偏移量，可以为负值。

（三）right 属性

通过 right 属性可以设置 HTML 元素右侧外边界与其最近一个父元素顶部边界的偏移量。其基本语法格式如下：

```
right : auto|length|percentage;
```

语法说明：

right 属性可以设置长度值或者百分比值。其默认属性值为 auto，其设置方法同 top 属性。

（四）bottom 属性

通过 bottom 属性可以设置 HTML 元素底部外边界与其最近一个父元素顶部边界的偏移量。其基本语法格式如下：

```
bottom : auto|length|percentage;
```

语法说明：

bottom 属性可以设置长度值或者百分比值。其默认属性值为 auto，其设置方法同 top 属性。

（五）left 属性

通过 left 属性可以设置 HTML 元素底部外边界与其最近一个父元素顶部边界的偏移量。其基本语法格式如下：

```
left : auto|length|percentage;
```

语法说明：

left 属性可以设置长度值或者百分比值。其默认属性值为 auto，其设置方法同 top 属性。

（六）z-index 属性

z-index 属性用于设置对多个元素同时设置定位时的重叠顺序。其基本语法格式如下：

```
z-index: auto|integer;
```

语法说明：

z-index 属性的默认值为 auto(0)，设置该值表示元素不会主动创建层叠上下文，而是按照 HTML 的默认堆叠顺序排列，或者遵从其父元素的定位规则（如果父元素建立了层叠上下文）。

integer 表示设置元素的层叠值，必须为整数，也可以为负数和 0，该值没有单位。如果两个对象的设置值一样，则依据它们在 HTML 文档中声明的顺序层叠。在层叠时，该属性值越大，表示对象定位越在上层。

z-index 属性定位应用示例如下：

```
<!DOCTYPE html>
<html>
    <head>
        <meta charset="utf-8">
        <title></title>
```

```
        <style type="text/css">
            div{height: 200px;
                width: 200px;
            }
            .one{background-color: pink;
                position: absolute;
                z-index: 3;
            }
            .two{background-color: skyblue;
                position: absolute;
                top:50px;
                left: 50px;
                z-index: 2;
            }
            .three{background-color: greenyellow;
                position: absolute;
                top:100px;
                left: 100px;
                z-index: 1;
            }
        </style>
    </head>
    <body>
        <div class="one"></div>
        <div class="two"></div>
        <div class="three"></div>
    </body>
</html>
```

在 Chrome 浏览器中的运行效果如图 6.18 所示。

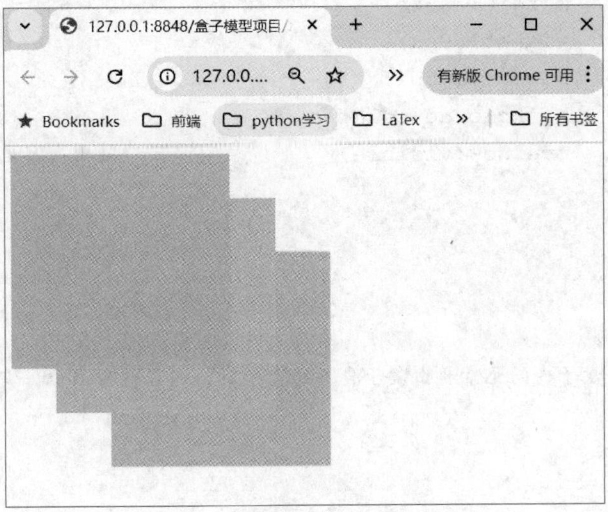

图 6.18　z-index 属性定位应用效果

注意：只有将 HTML 元素的 position 属性值设置为 absolute、relative 或 fixed 时，top、right、bottom、left 和 z-index 属性取值方可生效。

（七）overflow 属性

在网页中，由于浮动元素不再占用原文档流的位置，使浮动时会影响与其相邻的固定元素，为了避免浮动对其他元素的影响，就需要清除浮动。clear 属性用于清除元素左右两侧浮动的对象。然而在制作网页时，经常会遇到一些特殊的浮动影响，例如，对子元素设置浮动时，如果不对其父元素定义高度，则子元素的浮动会对父元素产生影响。

```
overflow: 属性值;
```

语法说明：

在上述语法中，overflow 属性的值有 4 个，具体说明见表 6.4。

表6.4　overflow的常用属性值

属性值	说明
visible	内容不会被修剪，会呈现在元素框之外（默认值）
hidden	溢出内容会被修剪，并且被修剪的内容是不可见的
auto	在需要时产生滚动条，即自适应所要显示的内容
scroll	溢出内容会被修剪，且浏览器会始终显示滚动条

overflow 属性应用示例如下：

```
<!doctype html>
<html>
    <head>
        <meta charset="utf-8">
        <title>overflow属性</title>
        <style type="text/css">
            div{
                margin: auto;
                width:100px;
                height:100px;
                background-color:skyblue;
                overflow:visible;              /*溢出内容呈现在元素框之外*/
            }
        </style>
    </head>
    <body>
        <div>
            当盒子内的元素超出盒子自身的大小时，内容就会溢出，需要使用overflow属性
将溢出内容的隐藏。
        </div>
    </body>
</html>
```

在 Chrome 浏览器中的运行效果如图 6.19 所示。

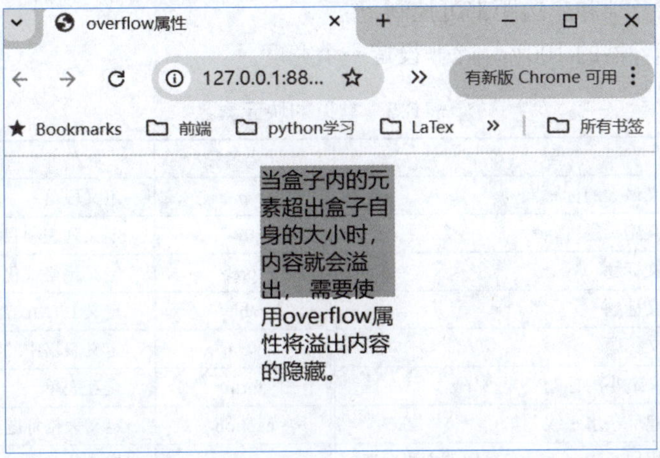

图 6.19 “overflow：visible”的效果

在图 6.19 所示效果的基础上修改 CSS 代码如下：

```
overflow:hidden;          /*溢出内容隐藏*/
```

保存 HTML 文件，刷新页面，效果如图 6.20 所示。

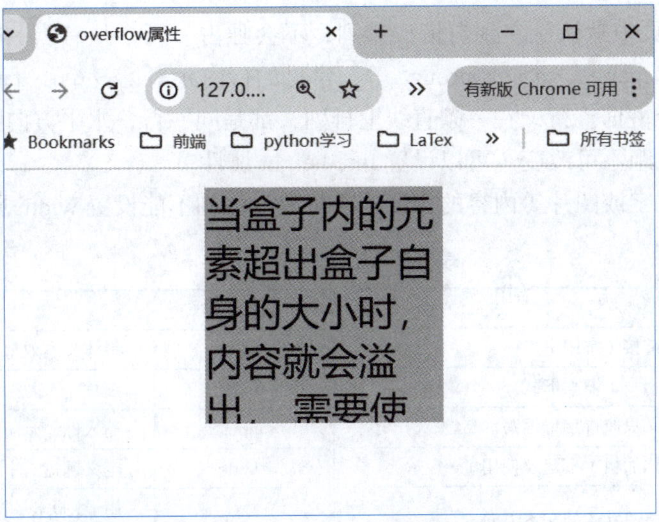

图 6.20 “overflow：hidden”的效果

六、元素的类型与转换

（一）元素的类型

1. 块元素

通常 HTML 元素可以划分为两种类型，分别为块元素（block element）和行内元素（又称内联元素，inline element）。块元素是指那些在默认情况下会直接新起一行显示的元素，如 <div>、<p>、<h1> ~ <h6> 等，也就是说两个 div 元素默认不会显示在同一行。块元素可以容纳行内元素和其他块元素，最常见的块元素是段落 <p> 和 <div>，常见的块元素见表 6.5。块元素的特点如下：

• 块元素会占据一行，垂直方向排列。
• 高度、行高以及顶和底边距都可控制。
• 宽度默认是其容器器的 100%，除非设定一个宽度。

表 6.5　常见的块元素

元素名称	含　义	元素名称	含　义
<h1>	定义最大的标题	<p>	定义段落
<h2>	定义副标题	<li>	定义列表项目
<h3>	定义标题	<pre>	定义预格式化的文本
<h4>	定义标题	<table>	定义 HTML 表格
<h5>	定义标题	<tr>	定义表格中的行
<h6>	定义最小的标题	<form>	交互表单
<hr>	创建一条水平线	<caption>	定义表格标题
<div>	常用块元素，也是布局用的主要标记	<pre>	格式化文本
<ol>	定义有序列表	<pre>	地址
<ul>	定义无序列表	<tfoot>	定义表格的页脚（脚注或表注）
<dl>	定义列表		

2. 行内元素

行内元素在网页中默认从左到右依次排列，不会独占一行，只有当一行排满时才会换行，常见的行内元素有 <span>、<a>、<strong> 等，常见的行内元素见表 6.6，行内元素的特点如下：
• 行内元素不会占据整行，在一条直线上排列，都是同一行，水平方向排列。
• 外边距和内边距不可改变（可以设置 line-height 属性）。
• 宽度就是其文字或图片等内容的宽度，不可改变（如不能设置 width 属性）。

表 6.6　常见的行内元素

元素名称	含　义	元素名称	含　义
<a>	超链接（常用）	<i>	斜体文本效果
<abbr>	表示一个缩写形式	<img>	图片
<acronym>	定义只取首字母缩写	<input>	输入框
<b>	字体加粗（不建议使用）	<kbd>	定义键盘文本
<bdo>	可覆盖默认的文本方向	<label>	用于关联表单控件（如 <input>、<select>、<textarea> 等）
<big>	大号字体加粗	<q>	定义短的引用
 	换行	<samp>	定义样本文本
<cite>	引用进行定义	<select>	创建单选或多选菜单
<code>	定义计算机代码文本	<small>	呈现小号字体效果
<dfn>	定义一个定义项目	<span>	组合文档中的行内元素（常用）
<em>	定义为强调的内容		

注意： 宽度属性 width 和高度属性 height 仅适用于块级元素，对行内元素无效（<img/> 标记和 <input/> 标记除外）。

（二）元素的转换

网页是由多个块元素和行内元素构成的盒子排列而成的。如果希望行内元素具有块元素的某些特性，如可以设置宽高，或者需要块元素具有行内元素的某些特性，如不独占一行排列，可以使用 display 属性对元素的类型进行转换。

1. display 属性

display 属性用于设置 HTML 元素的显示方式，该属性使用频率非常高。其基本语法格式如下：

```
display:属性值;
```

语法说明：

在上述语法中，display 属性值说明见表 6.7。

表 6.7　display 属性值说明

属 性 值	说　明
block	块级元素的默认值，元素会被显示为块级元素，前后会带有换行符
inline	行内元素的默认值，该元素前后没有换行符
inline-block	行内块元素，元素既具有内联元素的特性，也具有块元素的特性
none	设置元素不会被显示

display 属性应用示例如下：

```
<!DOCTYPE html>
<html>
    <head>
        <meta charset="utf-8">
        <title>元素之间的转换</title>
        <style>
            /* 初始块元素样式 */
            div,span{
                background-color: lightblue;
                width: 200px;
                height: 50px;
                margin: 10px;
                text-align: center;
                line-height: 50px;
                border: 1px solid #000;
            }
            .block_1,.block_2{
                display: inline;
            }
            .inline_1,{display: inline-block;}
            .inline_3{display: inline;}
        </style>
    </head>
```

```
    <body>
        <div class="block_1">这是第一个块元素</div>
        <div class="block_2">这是第二个块元素</div>
        <div class="block_3">这是第三个块元素</div>
        <span class="inline_1">这是一个行内元素</span>
        <span class="inline_2">这是二个行内元素</span>
        <span class="inline_3">这是三个行内元素</span>
    </body>
</html>
```

在 Chrome 浏览器中的运行效果如图 6.21 所示。

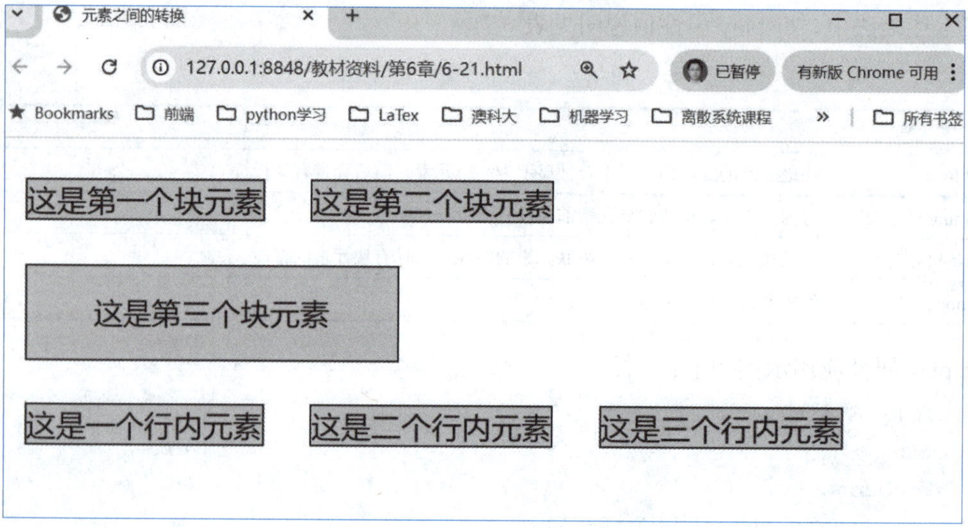

图 6.21　元素之间的转换效果

在上述示例中，定义了三对 <div> 和三对 <span> 标记，为它们设置相同的宽。同时对第一、二对 <div> 应用“display: inline”样式，使它们从块元素转化为行内元素。对第一、三对 <span> 分别应用“display:inline-block”和“display:inline”样式，使它们分别转换为行内块元素和行内元素。

提示： 块级元素（block）与行级元素的转变（block、inline），控制块元素排到一行用（inline-block），控制元素的显示和隐藏用（none）。

任务一　使用DIV+CSS进行页面浮动布局

任务描述

小丁和团队要参加东江红色文化基地的网页建设，他通过实践发现制作一个网页之前，先使用 DIV+CSS 对页面进行整体布局，通过 DIV 进行模块的划分和表现的（CSS 样式，如颜色、字体、大小、定位等）分离，这样可以使 HTML 文件专注于内容，更易于阅读和维护，特别是当网页内容较多且复杂时，开发人员可以很容易地找到需要修改的内容部分。

任务展示

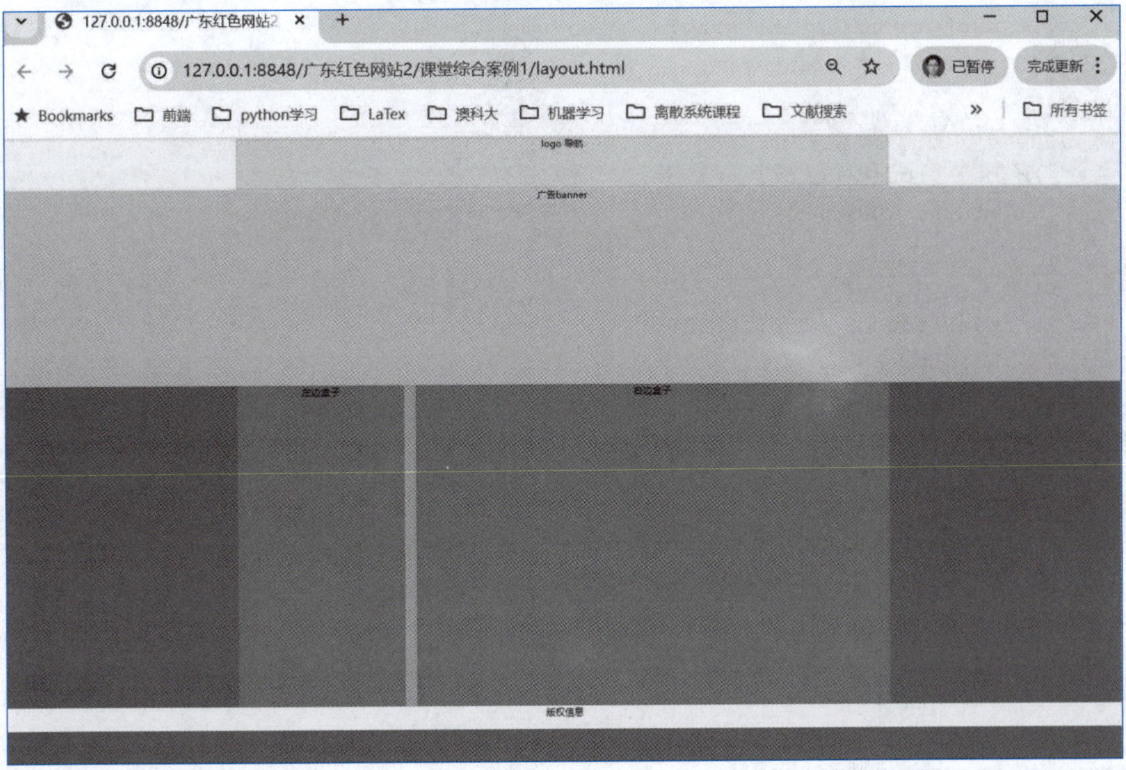

任务实施

1.【导入项目】通过选择“文件”→“导入”→“从本地目录导入”命令打开“广东省红色文化网站”项目。

2.【新建 HTML 文件】在项目文件夹中，通过选择“新建”→“.html 文件”命令创建“东江都页面布局 .html”文件。

3.【新建各种标签】在 <body></body> 之间，添加各种结构化标签：

```
<header>
    <nav>logo导航</nav>
</header>
<div class="banner">广告banner</div>
<main>
    <div class="left">左边盒子</div>
    <div class="right">右边盒子</div>
</main>
<footer>
    版权信息
</footer>
```

4.【新建各种 CSS 样式】在 <head></head> 之间，添加外部链接样式“layout.css”文件名。代码如下：

```
*{margin: 0 auto;}
body{
    background-color: gray;
    text-align: center;
}
header{
    background-color: yellow;
    width: 100%;
}
nav{
    background-color: #33ff99;
    height: 88px;
    width: 1100px;
}
.banner{
    height: 336px;
    width: 100%;
    background-color:#ccccff;
}
main{
    width: 1100px;
    height: 550px;
    background-color: orange;
}
.left{
    height: 550px;
    width: 280px;
    background-color: #668cff;
    float: left;
}
.right{
    height: 550px;
    width: 800px;
    background-color: #668cff;
    float: right;
}
footer{
    width: 100%;
    height: 40px;
    background-color: #ffff66;
}
```

技巧与提高

DIV+CSS 布局：<div>是一个块级元素，通常用于对页面上的内容进行分组或应用样式。它本身没有特定的含义，但可以通过 CSS 赋予各种布局和样式使用 clear 属性或伪元素来清除浮动，防止布局问题。

DIV 嵌套使用：<div> 元素可以嵌套使用，即一个 <div> 内部可以包含另一个或多个 <div>，这有助于创建复杂的布局结构。

任务二 使用CSS进行页面美化

任务描述

小丁和团队要对东江红色文化页面进行布局，尝试使用 CSS 样式进行图片的设计、伪类选择器美化导航，使 HTML 文件专注于内容，更易于阅读和维护，特别是当网页内容较多且复杂时，开发人员可以很容易找到需要修改的内容部分。

任务展示

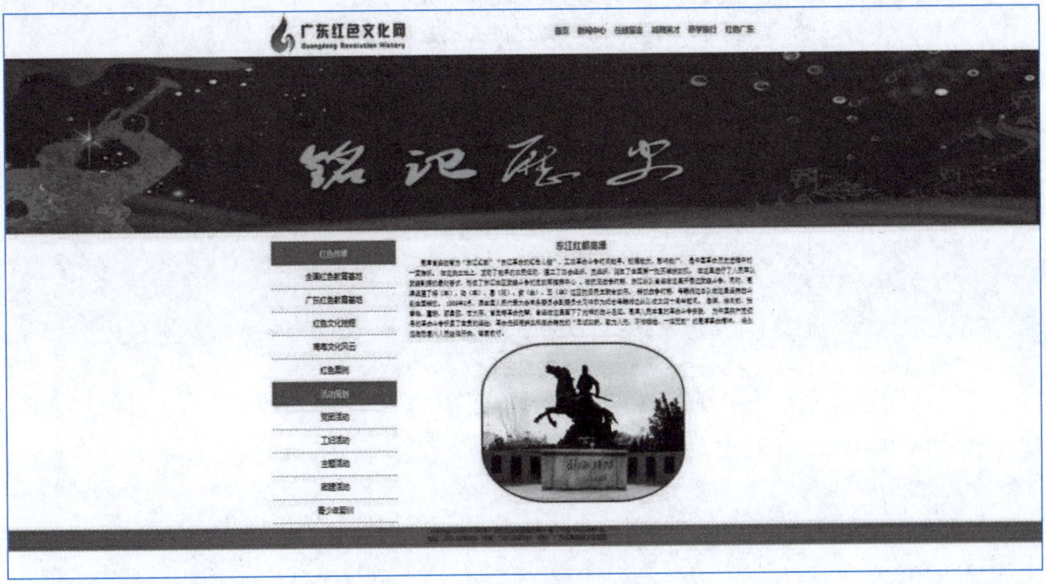

任务实施

1. 【导入 HTML 文件】通过选择“文件”→“导入”→“从本地目录导入”命令打开“广东省红色文化网站”项目，打开“东江红都页面布局 .html”文件，另存为“东江红都页面 .html”文件。

2. 【新建各种标签】在 <body></body> 之间，添加各种结构化标签，如 <nav></nav>、<ul><li></li></ul>、<img/><div> 等。

（1）水平顶部导航。代码如下：

```
background-color: #ffff66;
<header>
    <nav>
```

```
            <a href="#">  红色广东  </a>
            <a href="#">  研学旅行  </a>
            <a href="#">  诚聘英才  </a>
            <a href="#">  在线留言  </a>
            <a href="#">  新闻中心  </a>
            <a href="#">  首页   </a>
        </nav>
    </header>
```

（2）侧边导航

```
<div class="left">
    <section>
        <ul class="l_link">
            <li>红色传承</li>
            <li><a href="#">全国红色教育基地</a></li>
            <li><a href="#">广东红色教育基地</a></li>
            <li><a href="#">红色文化挖掘</a></li>
            <li><a href="#">南粤文化风云</a></li>
            <li><a href="#">红色案例</a></li>
        </ul>
        <ul class="l_link">
            <li>活动策划</li>
            <li><a href="#">党团活动</a></li>
            <li><a href="#">工妇活动</a></li>
            <li><a href="#">主题活动</a></li>
            <li><a href="#">团建活动</a></li>
            <li><a href="#">青少年军训</a></li>
        </ul>
    </section>
</div>
```

3.【新建各种 CSS 样式】在 <head></head> 之间，添加外部链接样式：

```
*{margin: 0 auto;}
body{
    text-align: center;
}
/*导航*/
nav{width: 1100px;height: 88px; background: url(../imag/logo1.png) no-repeat;}
nav a{float: right;
    text-decoration: none;
    line-height: 88px;
    color: #FF0000;
    font-weight: bold;
}
nav a:hover{background: url(../imag/nav_bg.gif);}
```

```
.barner img{width: 100%;height: 100%;}          /*图片自适应div标签的大小*/
.barner{width: 100%;height: 336px;}
main{ height: 550px;width: 1100px;
    margin-top: 20px;
}
.left{ width: 280px;height: 550px;
    float: left;
}
ul{list-style-type: none;padding: 0;}
ul li{height: 45px;}
.l_link li a{
    text-decoration: none;
    color: black;
    line-height: 45px;
    display: block;/*块元素*/
    border-bottom: #808080 1px dashed;
}
.l_link li:nth-child(1){background-color: #F23737;line-height: 50px;
color: white;}
.l_link li a:hover{background-color: #eeee;}
.right{height: 550px;width: 800px;
    float: right;
}
h3{color: #FF0000;}
.t1{font-size: 13px;font-family: "宋体";line-height: 1.5;padding:
10px;text-align: left;text-indent: 2em;}
.img_1 img{width: 450px;height: 300px;border: 3px ridge #FF0000 ;
border-radius: 150px/100px;}
Footer{
    width: 100%;
    height: 40px;
    background-color: #F23737;
    font-size: 12px;
}
```

技巧与提高

1. 定义清晰的结构

使用语义化的 HTML 标签如 <nav> 定义导航栏，内部使用无序列表 <ul> 和列表项 <li> 组织链接。

2. 添加交互效果

使用 CSS 伪类（如：hover、:active、:focus）为导航项添加鼠标悬停、点击和焦点状态的视觉效果。

任务三 使用定位元素制作二级导航

任务描述

小丁和团队学习了定位元素之后，打算制作二级导航，以方便在后面的网站中使用。

任务展示

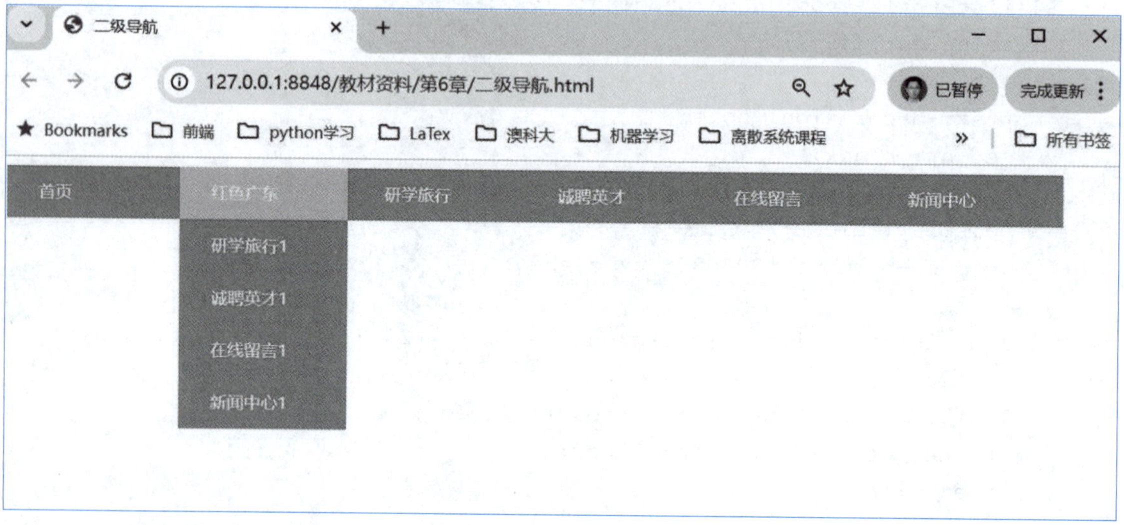

任务实施

1. 【导入项目】通过选择“文件”→“导入”→“从本地目录导入”命令打开“广东省红色文化网站”项目。

2. 【新建 HTML 文件】在项目文件夹中，通过选择“新建”→“.html 文件”命令创建“二级导航 .html”文件。

3. 【新建各种标签】在 <body></body> 之间，添加各种结构化标签：

```
<ul class="menu">
    <li><a href="#">首页</a></li>
    <li><a href="#">红色广东</a>
    <ol>
        <li>研学旅行1</li>
        <li>诚聘英才1</li>
        <li>在线留言1</li>
        <li>新闻中心1</li>
    </ol>
    </li>
    <li>红色地标</li>
    <li>革命先贤</li>
    <li>岭南首创</li>
```

```
        <li>改革成就</li>
    </ul>
```

4. 【新建各种 CSS 样式】在 <head></head> 之间，添加内嵌样式：

```
    <style type="text/css">
        ul,ol,li{list-style: none;padding: 0;margin: 0;}
        a{text-decoration: none;}
        .menu{
            width: 1000px;height: 50px; background-color: #2BBCC6;
        }
        .menu li{position: relative; line-height: 50px; display: inline-
block;
        width: 100px;color: white; padding: 0 30px; background-color:
#2BBCC6;
        }
        .menu li a{color: white;}
        .menu li ol{display: none;position: absolute;left: 0;}
        .menu li:hover ol{display: block;}
        .menu li:hover{background-color: pink;}
    </style>
```

技巧与提高

隐藏和显示子菜单的设置：使用 display: none; 将二级菜单隐藏。当鼠标悬停在一级菜单项上时，使用 display: block; 将二级菜单显示出来。

区分使用相对和绝对定位：为一级菜单使用 position: relative;，为二级菜单使用 position: absolute;，以确保二级菜单能够正确地定位在一级菜单项的下方。

项目评价

班级：　　　　小组：　　　　姓名：　　　　学号：　　　　综合评分：

序　号	任务内容	实施结果自评	小组互评
1	通过 DIV+CSS 进行页面浮动布局，完成复杂页面的布局		
2	图片设置自适应屏幕大小		
3	定位属性实现二级导航		
4	行内元素与块元素之间的转换		

项目七

“广东红色文化”主题网站制作——表格与表单

项目导读

表格与表单是 HTML 5 中经常使用的标记元素，利用表格可以将网页信息或数据条理清晰地表示出来，传统的网页设计中，常用表格对页面进行布局，在 Web 标准逐渐深入设计领域之后，表格不再承担布局的任务。而 HTML 5 表单的出现则是使网页从单向的信息传递发展到能够与用户进行交互对话，实现网上提交表单数据。小丁团队使用表格和表单分别制作了一个网站招聘信息页面和会员注册页面。

学习目标

知识传递

- 熟悉定义表格 <table>、行 <tr>、列标题 <th>、标准单元格 <td> 标签的使用
- 熟悉表单 <form>、输入 <input>、下列菜单 <select> 和 <option> 标签的使用
- 掌握表格的相关元素及样式设置
- 掌握表单的相关元素及样式控制

能力培养

- 能够快速创建表格
- 能够快速创建表单及表单样式控制
- 能够美化表单界面

价值引领

- 传承红色文化

通过使用表格和表单制作网站招聘信息页面和会员注册页面，充分挖掘红色文化的革命精神内涵和当代红色文化的价值，让学生了解红色文化资源是中国特色社会主义文化资源的重要组成部分，引导学生将社会主义核心价值观内化为精神追求，外化为自觉行动。

- 辩证把握整体与部分的关系

在讲解表单应用时，结合表单属性的知识讲解，引导学生理解静态网站和动态网站的关系，培养学生树立正确的价值观，认识到整体与部分的关系。

知识准备

一、表格应用

视频 表格及其属性

（一）表格

简单的 HTML 表格由 <table> 元素以及一个或多个 <tr>、<th> 或 <td> 元素组成表格结构；其中，<tr> 元素定义表格行，<th> 元素定义表头，<td> 元素定义表格单元。一个表格只允许出现一对 <table> 元素，其基本语法格式如下：

```
<table>
    <tr>
        <td>单元格内的文字</td>
        ...
    </tr>
    ...
</table>
```

语法说明：

上述语法中包含三对 HTML 标记，分别为 <table></table>、<tr></tr>、<td></td>，它们是创建 HTML 网页中表格的基本标签，缺一不可。

<table></table>：用于定义一个表格。

<tr></tr>：用于定义表格中的一行，必须嵌套在 <table> 和 </table> 标记之间，在表格中包含几对 <tr></tr>，就表示该表格有几行。

<td></td>：定义表格中的单元格，必须嵌套在 <tr></tr> 标记之间，一对 <tr></tr> 中包含几对 <td></td>，就表示该行中有多少列（表示有多少单元格）。

<th></th>：一般定义表头第一行，在表格中主要用于定义行或列的名称，其显示效果为文本加粗。

<caption></caption>：标记为表格添加标题，会居中显示在表格上，<caption> 标记必须紧随 <table> 之后，每个表格只能定义一个标题。

表格应用示例如下：

```
<!DOCTYPE html>
<html>
    <head>
        <meta charset="utf-8">
        <title>Python选修课学生名单</title>
    </head>
    <body>
    <table border="2" width="500" height="200" cellpadding="10" cellspacing
="2" bgcolor="#eeeeee" > <caption> Python选修课学生名单</caption>
        <tr>
            <th>序号</th>  <th>姓名</th> <th>学号</th>  <th>所在学院</th>
<th>所在专业</th>
        </tr>
```

```
          <tr>
              <td>1</td> <td>张小明</td>  <td>10325</td>  <td>软件学院
</td>  <td>软件技术</td>
          </tr>
          <tr>
              <td>2</td> <td>王晶</td>  <td>20321</td> <td>机电工程学院
</td> <td>汽车技术</td>
          </tr>
          <tr>
              <td>3</td> <td>王猛</td>  <td>20342</td>  <td>机电工程学院
</td>  <td>汽车营销</td>
          </tr>
      </table>
   </body>
</html>
```

在 Chrome 浏览器中的运行效果如图 7.1 所示。

Python选修课学生名单

序号	姓名	学号	所在学院	所在专业
1	张小明	10325	软件学院	软件技术
2	王晶	20321	机电工程学院	汽车技术
3	王猛	20342	机电工程学院	汽车营销

图 7.1　表格应用效果

（二）表格常用属性

表格是网页中常见的元素之一，也可以分别设置表格各个部分（如单元格、行、列等）的边框。<table> 标记常用的属性及其描述见表 7.1。

表 7.1　<table> 标记常用的属性及其描述

属 性 名	描　述	常用属性值
border	设置表格的边框（默认值为 0，无边框）	像素值
cellspacing	设置单元格与单元格边框之间的空间间距	像素值（默认值为 2 像素）
cellpadding	设置单元格内容与单元格边框之间的空间间距	像素值（默认值为 1 像素）
width	设置表格的宽度	像素值
height	设置表格的高度	像素值
align	设置网页中的水平对齐方式	Left、center、right
bgcolor	表格的背景颜色	预定义的颜色值、十六进制 #RGB rgb(r,g,b)
background	表格的背景图像	url 地址

<tr> 标记常用的属性及其描述见表 7.2。

表 7.2 <tr> 标记常用的属性及其描述

属性名	描述	常用属性值
height	设置行高度	像素值
align	设置一行内容水平对齐方式	Left、center、right
valign	设置一行内容垂直对齐方式	Top、middle、bottom
bgcolor	设置行的背景颜色	预定义的颜色值、十六进制 #RGB rgb(r,g,b)
background	设置行的背景图像	url 地址

<td> 和 <th> 标记常用的属性及其描述见表 7.3。

表 7.3 <td> 和 <th> 标记常用的属性及其描述

属性名	描述	常用属性值
height	设置单元格高度	像素值
width	设置单元格宽度	像素值
align	设置单元格内容水平对齐方式	Left、center、right
valign	设置单元格内容垂直对齐方式	Top、middle、bottom
bgcolor	设置行的背景颜色	预定义的颜色值、十六进制 #RGB rgb(r,g,b)
background	设置行的背景图像	url 地址

注意：HTML 5 的 <table>、<tr> 元素最好不要设置任何属性，<td> 元素须写在 <tr></tr> 内，<td> 元素只有 colspan 和 rowspan 两个属性。

1. 单元格合并

（1）水平方向单元格的合并

需要将水平方向的单元格合并时，可在 <th> 或 <td> 标记中添加 colspan 属性，属性的取值即为合并的单元格数目。其基本语法格式如下：

```
<tr>
    <th>单元格</th>
    <th rolspan="value">单元格</th>
    <th>单元格</th>
</tr>
```

语法说明：

跨度的列数为正整数，表示合并单元格的列数。该属性表示合并同一行的其他单元格。最大列数不能超过表格的列数。HTML 5 也支持该属性。

（2）垂直方向单元格的合并

需要将垂直方向的单元格合并时，可在 <th> 或 <td> 标记中添加 rowspan 属性，属性的取值即为合并的单元格数目。其基本语法格式如下：

```
<tr>
    <td> 单元格</td>
    <td rowspan="value">单元格</td>
```

```
    <td>单元格</td>
</tr>
```

语法说明：

跨度的列数为正整数，rowspan 属性设置的是单元格在垂直方向上跨度的行数，最大行数不能超过表格的行数，HTML 5 也支持该属性。

表格应用示例如下：

```
<!DOCTYPE html>
<html>
    <head>
        <meta charset="utf-8">
        <title>个人简历</title>
    </head>
    <body>
        <table border="2">
            <caption>个人简历</caption>
            <tr>
                <td>姓名</td>
                <td width="60"></td>
                <td>性别</td>
                <td width="60"></td>
                <td  rowspan="3" width="60">照片</td>
            </tr>
            <tr>
                <td>出生年月</td>
                <td></td>
                <td>学历</td>
                <td></td>
            </tr>
            <tr>
                <td>政治面貌</td>
                <td width="60"></td>
                <td>毕业学校</td>
                <td width="60"></td>
            </tr>
            <tr>
                <td colspan="5" height="40">家庭住址:</td>
            </tr>
            <tr>
                <td colspan="5" height="200"  valign="top">个人介绍: </td>
            </tr>
        </table>
    </body>
</html>
```

在 Chrome 浏览器中的运行效果如图 7.2 所示。

个人简历

姓名		性别		照片
出生年月		学历		
政治面貌		毕业学校		
家庭住址:				
个人介绍:				

图 7.2　表格应用效果

2. 控制表格样式

除表格标记自带属性外，还可以用 CSS 的边框、宽高、颜色等来控制表格的外观，这样更符合 Web 标准，表格还有其独有的样式属性，如 border-collapse 属性。

(1) CSS 控制表格边框

使用 <table> 标记的属性可以设置表格边框，通过 CSS 可以更轻松地设置美观的边框，在上面图 7.1 对应的示例中删除 HTML 中的属性，重新定义 CSS 样式，具体代码如下：

```
<style type="text/css">
    table{width: 500px;
        height: 350px;
        border: 5px blue double;        /*蓝色5像素的双实线边框*/
        border-collapse: collapse;      /*边框合并*/
        text-align: center;
    }
    td,th{border: 1px blue solid;}
</style>
```

上述代码运行后，最外面的双实线是整个表格的边框，设置里面的单元格边框为单实线蓝色的边框，通过 <td>、<th> 元素设置各自的边框样式。通过 border-collapse 属性设置表格的边框是否合并为单一的边框，该属性的默认值为 separate，表示边框会被分开，取值为 collapse 时，表格边框会合并成单独的一条。

在 Chrome 浏览器中的运行效果如图 7.3 所示。

Python选修课学生名单

序号	姓名	学号	所在学院	所在专业
1	张小明	10325	软件学院	软件技术
2	王晶	20321	机电工程学院	汽车技术
3	王猛	20342	机电工程学院	汽车营销

图 7.3　表格应用效果

上述示例中使用内嵌式 CSS 样式为 <table> 标记定义了宽度、高度和边框的样式，并为单元格单独设置相应的边框，只设置 <table> 样式，只显示外边框的效果，内部不显示边框效果，单元格要单独设置边框。

注意：当将表格的 border-collapse 属性设置为 collapse 时，HTML 中的 cellspacing 属性值则无效。

（2）CSS 控制单元格边距

默认情况下，单元格的宽度和高度是由单元格的内容来决定的，对单元格设置内边距 padding 样式，也可以调整单元格内容和边框之间的距离。

```
<style type="text/css">
    td,th{border: 1px blue solid;
        padding: 5px 10px;
    }
</style>
```

（3）表格头部标签 <thead>

<thead></thead> 标记定义表格的表头部分。该标签用于组合 HTML 表格的表头内容，同前面介绍的 <th> 是不一样的，<th> 只是表示一个表头单元格，而 <thead> 表示整个表格头部，可以包含多个表头单元格，其基本语法格式如下：

```
<thead>
    <tr>
        <th>表头内容</th>
        <th>表头内容</th>
    </tr>
</thead>
```

语法说明：

<thead> 标签内必须包含一个 <tr> 标签，而表头单元格可以使用 <th> 或者 <td> 标记。同时 <thead> 标签必须包含在 <table> 标签中。在对表格进行打印时，该标签的内容能够被重复打印在每页中作为页眉或者标题。

（4）表格主体标签 <tbody>

<tbody></tbody> 双标记表示表格主体（正文），该标签用于组合 HTML 表格的主体内容。通常该标签内呈现的是表格的主体数据，不包括 <thead> 标记中显示的内容。其基本语法格式如下：

```
<tbody>
    <tr>
        <td>单元格内容</td>
        <td>单元格内容</td>
    </tr>
    …
</tbody>
```

语法说明：

<tbody></tbody> 标记内可以包含多行数据。一个表格内可以包含多个 <tbody> 元素，用于对数据进行分类，<tbody> 标记也必须包含在 <table> 标记中。

注意： <tbody> 标记应该与 <thead> 标记和 <tfoot> 标记结合起来使用。

（5）表格页脚标签 tfoot

<tfoot> 是 HTML 表格中用于定义“表格页脚”的容器标签，通常包含表格的汇总行、统计信息或注释内容。它与 <thead>（表头）和 <tbody>（表体）共同构成表格的结构化分组，其基本语法格式如下：

```
<tfoot>
    <tr>
        <td>单元格内容</td>
        <td>单元格内容</td>
    </tr>
    ...
</tfoot>
```

语法说明：

<tfoot></tfoot> 标记需要包含 <tr> 标记元素，也必须被包含在 <table> 标签中，在对表格进行打印时，该标记的内容能够被重复打印在每页中作为页脚或者脚注。

二、表单定义

表单在网页中主要实现用户与后台数据交互功能，在实际开发中要将这些信息传给后台服务器，常见的应用场景：注册登录、搜索、留言、评论和文件上传等，都以表单的形式收集用户信息，本书中的表单都是前端页面，不具备后台处理数据的功能。

视 频

表单元素及属性

1. 创建表单

与表单相关的重要标记是 <form> 和 <input>，<form></form> 标记用于定义表单域范围，即创建一个表单，以实现用户信息的收集和传递，<form></form> 中的所有内容都会被提交给服务器，其基本语法格式如下：

```
<form action="url地址" method="提交方式" name="表单名称" enctype="编码方式" >
    各种表单控件
</form>
```

语法说明：

在上述语法中，<form></form> 双标记用于定义表单，即创建一个表单，表单里的元素都需要在 <form> 标签内才有作用，一个完整的表单通常是由表单域、表单控制和提示信息三部分构成。<form> 标签的常用属性及说明见表 7.4。

表 7.4　<form>标签的常用属性及说明

属　性	说　明
action	表单处理程序
method	表单发送方式，可以设置为 "post" 或者 "get"
name	表单名称
enctype	表单的编码方式

表单应用示例如下：

```
<!DOCTYPE html>
<html>
    <head>
        <meta charset="utf-8">
        <title>表单</title>
    </head>
    <body>
        <form action="https://www.baidu.com/s" method="get">
            请输入关键字：<input type="text" />
                        <input type="submit"  value="搜索"/>

        </form>
    </body>
</html>
```

在 Chrome 浏览器中的运行效果如图 7.4 所示。

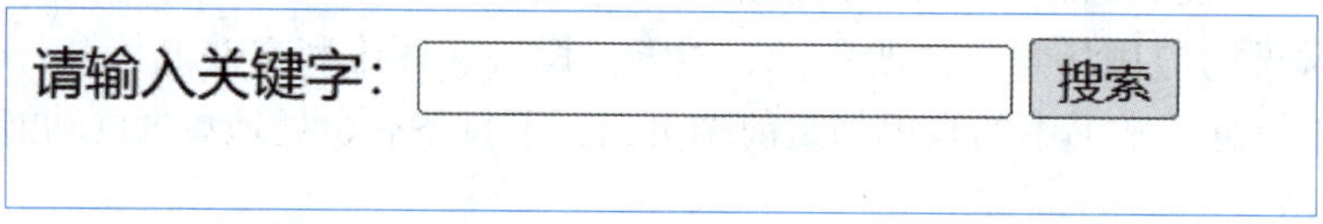

图 7.4　表单应用效果

（1）action 属性

```
<form action="login.jsp" >
```

action 属性指定当提交表单时向何处发送表单数据，表单的处理文件通常为动态网页文件，如 ASP.PHP、ASP.NET 等，也可以设置为 E-mail 地址、图像等特殊的形式。

```
<form action=mailto:zengtforeve @163.com >
```

（2）method 属性

method 属性用于设置表单数据的提交方式，其取值为 get 或 post，在 HTML 5 中，可以通过 <form> 标记中的 method 属性指明表单处理服务器处理数据的方法，示例代码如下：

```
<form action="login.jsp" method="get" >
```

上述代码中，使用 get 方法提交，通过 URL 提交数据将显示在 URL 地址栏中，敏感信息不能使用 get 方法提交；而且，get 方式提交的数据大小有限制（因为浏览器对 URL 的长度有限制），如果信息太长，将会被截止，post 方法以 HTTPpost 事务的方式传递表单数据。与 get

方法相比，post 方法更健壮、更安全，而且 post 没有容量限制，适用于数据量大的、需要保密的表单。

（3）name 属性

在表单 <form> 中，name 属性对于数据的提交起着关键作用。当用户提交表单时，表单中的数据会以键值对（name- value pairs）的形式发送到服务器端。name 属性的值就是这个键（key），而用户在表单元素（如文本框、下拉列表等）中输入或选择的值就是对应的键值（value）。

2. 表单输入元素及属性

表单中用于数据输入的有 input 元素、列表框元素 select、文本域输入元素 textarea 等，其中，应用最广泛的是 input 元素。

（1）autocomplete 属性

autocomplete 属性用于指定表单是否启用“自动完成”功能，通过设置 on 或 off 值来开启或关闭自动完成功能。所谓“自动完成”是指将表单控件输入的内容记录下来，当用户在字段开始输入时，浏览器基于之前输入过的值，显示在字段中填写的选项。

提示： autocomplete 属性适用于 <form>，以及下面的 <input> 类型，如 text、search、url、telephone、email、password、datepickers、range 以及 color，在某些浏览器中，可能需要用户手动启用自动完成功能。

（2）novalidate 属性

novalidate 属性用于指定提交表单取消对表单进行有效的检查，为表单设置属性值为 true 时，可以关闭整个表单的验证，即使 <form> 标记内所有表单控件不被验证。

3. 表单控件——input 元素及属性

input 元素的基本语法格式如下：

```
<input name="控件名称" type="控件类型"/>
```

语法说明：

<input> 标签有多个属性，其行为完全通过设置这些属性来完成。<input> 标签的常用属性及描述见表 7.5。

表 7.5 <input> 标签的常用属性及描述

属　性	属 性 值	描　述
type	text	单行文本框输入
	password	密码框输入
	checkbox	复选框输入
	radio	定义单选按钮
	file	定义选择文件
	button	定义可点击按钮
	reset	定义重置按钮

续表

属　性	属性值	描　述
type	submit	定义提交按钮
	image	定义图像形式的提交按钮
	hidden	定义隐藏的输入字段
	url	用于输入 URL 的字段
	search	输入搜索字符串的单行文本字段
	number	用于输入数字的控件
name	由用户自定义	控件的名称
value	由用户自定义	
size	正整数	input 控件在页面中显示的宽度
autocomplete	on/off	
autofocus	autofocus	
form	form 元素的 id	
list	Datalist 元素的 id	指定字段的候选数据值列表
disabled	disabled	加载页面时禁用该控件
min、max、step	数值	输入框所允许的最大值、最小值及间隔
pattern	字符串	验证输入的内容是否与定义的正则表达式匹配
placeholder	字符串	为 input 类型的输入框提供一处提示
required	required	规定输入框填写的内容不能为空

表单中 <input> 标签应用示例如下：

```
<!DOCTYPE html>
<html>
    <head>
        <meta charset="utf-8">
        <title>用户注册</title>
        <style type="text/css">
            form {
                width: 300px;
                margin: 0 auto;
                padding: 20px;
                border: 1px solid #ccc;
                border-radius: 5px;
                background-color: #f9f9f9;
            }
            label {
                display: block;
                margin-bottom: 5px;
            }
            input[type="text"],
```

```
            input[type="password"],
            input[type="email"] {
                width: 100%;
                padding: 10px;
                margin-bottom: 15px;
                border: 1px solid #ccc;
                border-radius: 3px;
            }
            input[type="submit"] {
                background-color: #4CAF50;
                color: white;
                padding: 10px 15px;
                border: none;
                border-radius: 3px;
                cursor: pointer;
            }
        </style>
    </head>
    <body>
        <form action="register.php" method="post">
        <!-- 用户名输入框 -->
        <label for="username">用户名:</label>
        <input type="text" id="username" name="username" placeholder="请
输入用户名" required>
        <!-- 密码输入框 -->
        <label for="password">密码:</label>
        <input type="password" id="password" name="password" placeholder
="请输入密码" required minlength="6">
        <!-- 确认密码输入框 -->
        <label for="confirm-password">确认密码:</label>
        <input type="password" id="confirm-password" name="confirm-password"
placeholder="请再次输入密码" required minlength="6" oninput="checkPasswordMatch()">
        <!-- 邮箱输入框 -->
        <label for="email">邮箱:</label>
        <input type="email" id="email" name="email" placeholder="请输入邮
箱地址" required>
        <!-- 性别选择 -->
        <label>性别:</label>
        <input type="radio" id="male" name="gender" value="male">男
        <input type="radio" id="male" name="gender" value="male"> 女
        <!-- 爱好复选框 -->
        <label>爱好:</label>
        <input type="checkbox" id="reading" name="hobbies" value="reading">阅读
```

```
        <input type="checkbox" id="sports" name="hobbies" value="sports">运动
        <input type="checkbox" id="music" name="hobbies" value="music">音乐
        <!-- 提交按钮 -->
        <br/>
        <input type="submit" value="注册">
    </body>
</html>
```

在 Chrome 浏览器中的运行效果如图 7.5 所示。

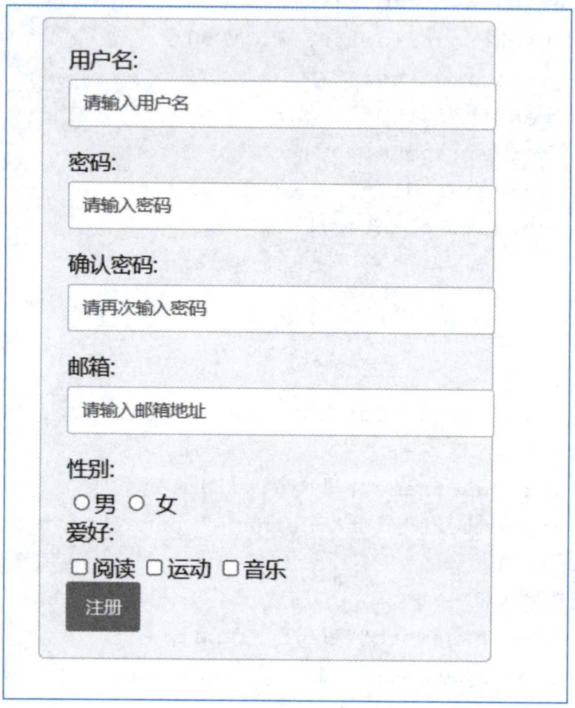

图 7.5　表单中 <input> 标签应用效果

三、HTML 5 新增表单元素和属性

除 input 元素外，HTML 5 为了增强表单的交互功能，新增了大量的 input 类型元素，也增加了很多新的属性。这些元素或属性可以实现在 HTML 5 之前需要使用 JavaScript 才能实现的功能。

（一）新增的 type 属性值（验证型）

随着 HTML 标准的更新，type 属性增加了一些新的值，新增验证类型的 type 属性值，以支持更丰富的表单验证类型，具体说明见表 7.6。

表 7.6　新增的 type 属性值（验证型）及说明

属　性	说　明
email	邮件类型
tel	电话号码
url	URL 类型

验证类型应用示例如下：

```
<!DOCTYPE html>
<html>
<head>
    <meta charset="utf-8" />
    <title></title>
</head>
<body>
    <form method="post">
        <p>
            <label>电子邮箱：
                <input type="email" />
            </label>
            <input type="submit" value="提交" />
        </p>
    </form>
</body>
</html>
```

在Chrome浏览器中的运行效果如图7.6所示。

图 7.6　浏览器运表格的效果图

当输入非电话号码格式的字符或超过长度时，单击“提交”按钮，发现仍可以提交。其实tel 类型文本框并不具备完备的验证功能，若想要达到验证效果，需要结合 pattern 属性来实现。

```
<!DOCTYPE html>
<html>
    <head>
        <meta charset="utf-8" />
        <title></title>
    </head>
    <body>
        <form method="post">
            <p>
                <label>电话号码(11位)：
                    <input type="tel"  pattern="[0-9]{11}"/>
                </label>
                <input type="submit" value="提交" />
            </p>
        </form>
    </body>
</html>
```

任务一 使用表格元素制作一个招聘页面的信息表

任务描述

广东红色文化研究院拟招聘一些岗位，小丁团队要负责在网站发布这个信息，打算用表格和 CSS 样式完成这个页面的设计。

任务展示

广东红色文化研究院招聘岗位

岗位名称	职位类别	学位	需求专业	招聘人数	应聘
助理研究员	专业技术岗位	博士	汉语言、文学等相关专业	2人	应聘
研究实习员	专业技术岗位	硕士	古典文学等相关专业	3人	应聘
助理研究员	专业技术岗位	博士	现代汉语或思政等专业	1人	应聘
行政助理	后勤岗位	本科	文秘或人力资源相关专业	1人	应聘
项目管理岗	管理岗位	本科	信息工程等 相关专业	1人	应聘

广州某某研究院招聘信息

任务实施

1. 【导入项目】通过选择“文件”→“导入”→“从本地目录导入”命令打开“广东省红色文化网站”项目。

2. 【新建 HTML 文件】在项目文件夹中，通过选择“新建”→“.html 文件”命令创建“表格招聘页面 .html”文件。

3. 【新建各种标签】在 <body></body> 之间，添加各种结构化标签：

```
<table>
    <caption>广东红色文化研究院招聘岗位</caption>
    <thead>
        <tr>
            <th>岗位名称</th>
            <th>职位类别</th>
            <th>学位</th>
            <th>需求专业</th>
            <th>招聘人数</th>
            <th>应聘</th>
        </tr>
    </thead>
    <tbody>
        <tr>
            <td>助理研究员</td>
            <td>专业技术岗位</td>
```

```
            <td>博士</td>
            <td>汉语言、文学等相关专业</td>
            <td>2人</td>
            <td>应聘</td>
        </tr>
        <tr>
            <td>研究实习员</td>
            <td>专业技术岗位</td>
            <td>硕士</td>
            <td>古典文学等相关专业</td>
            <td>3人</td>
            <td>应聘</td>
        </tr>
        <tr>
            <td>助理研究员</td>
            <td>专业技术岗位</td>
            <td>博士</td>
            <td>现代汉语或思政等专业</td>
            <td>1人</td>
            <td>应聘</td>
        </tr>
        <tr>
            <td>行政助理</td>
            <td>后勤岗位</td>
            <td>本科</td>
            <td>文秘或人力资源相关专业</td>
            <td>1人</td>
            <td>应聘</td>
        </tr>
        <tr>
            <td>项目管理岗</td>
            <td>管理岗位</td>
            <td>本科</td>
            <td>信息工程等相关专业</td>
            <td>1人</td>
            <td>应聘</td>
        </tr>
    </tbody>
    <tfoot>
        <tr>
            <td colspan="6">广州某某研究院招聘信息</td>
        </tr>
    </tfoot>
</table>
```

4.【新建各种 CSS 样式】在 <head></head> 之间，添加外部链接样式：

```
<style type="text/css">
    table{
        width: 100%;
        border-collapse: collapse;
    }

    table caption{
        font-size: 2em;
        font-weight: bold;
        margin: 1em 0;        /*居中,上、下外边距1 em*/
    }

    th,td{
        border: 1px solid #999;
        text-align: center;
        padding: 20px 0;
    }

    table thead tr{
        background-color: #008c8c;
        color: #fff;
    }

    table tbody tr:nth-child(odd){
        background-color: #eee;
    }

    table tbody tr:hover{
        background-color: #ccc;
    }

    table tbody tr td:first-child{
        color:red;
    }

    table tfoot tr td{
        text-align: right;
        padding-right: 20px;
    }
</style>
```

技巧与提高

表格样式优化技巧：利用 CSS 伪类选择器 :nth-child() 可以轻松实现表格隔行变色，这样的设计可以使表格内容在视觉上更加清晰，方便用户查看和比较数据。

单元格内容对齐方式优化：可以使用 text-align 属性控制单元格内容的水平对齐方式。

任务二 使用表单元素制作一个注册信息页面

任务描述

广东红色文化研究院拟招聘一些会员，需要小丁团队负责设计注册信息页面，并用 CSS 样式对页面进行设计。

任务展示

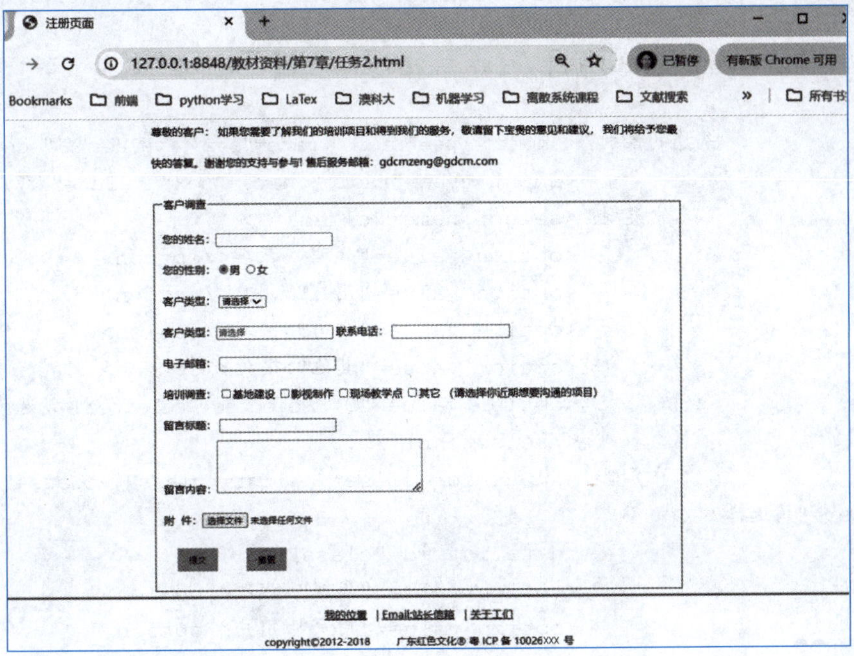

任务实施

1. 【导入项目】通过选择“文件”→“导入”→“从本地目录导入”命令打开“广东省红色文化网站”项目。

2. 【新建 HTML 文件】在项目文件夹中，通过选择“新建”→“.html 文件”命令创建“注册页面 .html”文件。

3. 【新建各种标签】在 <body></body> 之间，添加各种结构化标签：

```
<header>
    <nav>
        <a href="#"> 首页 </a>
        <a href="#"> 红色广东 </a>
        <a href="#"> 岭南首创 </a>
        <a href="#"> 地方新政 </a>
        <a href="#"> 改革创新 </a>
        <a href="#"> 红色广东 </a>
```

```
        </nav>
        <hr />
    </header>
    <main>
        <p><span>尊敬的客户：</span>
            如果您需要了解我们的培训项目和得到我们的服务，敬请留下宝贵的意见和建议，
            我们将给予您最快的答复。谢谢您的支持与参与！
            售后服务邮箱：gdcmzeng@gdcm.com
        </p>
        <form action="succ.html" method="get">
            <fieldset>
                <legend>客户调查</legend>

                        您的性别：<input type="radio" name="sex"  value="男" checked />男
                                <input type="radio" name="sex" value="女"/>女<br />
                        客户类型：<select name="client" >
                                <option value="代理">代理</option>
                                <option value="用户">用户</option>
                                <option value="公司">公司</option>
                                <option value="其他">其他</option>
                                <option value="0" selected="selected">请选择</option>
                                </select><br />
                        客户类型：<input id="clinet"  list="class"  class="input01"
placeholder="请选择" />
                                <datalist id="class">
                                <option value="代理">代理</option>
                                <option value="用户">用户</option>
                                <option value="公司">公司</option>
                                <option value="其他">其他</option>
                                </datalist>
                        联系电话：<input name="tel" type="number"/ ><br />
                        电子邮箱：<input name="mail" type="email"/ ><br />
                        培训调查：<input type="checkbox"  name="investigate" value=
"室内设计"/>基地建设

                                <input type="checkbox"  name="investigate" value=
"景观设计"/>影视制作

                                <input type="checkbox"  name="investigate" value=
"家居定制"/>现场教学点

                                <input type="checkbox"  name="investigate" value=
"其他"/>其他 （请选择你近期想要沟通的项目） <br />
                        留言标题：<input name="mess_title" type="text" / ><br />
                        留言内容：<textarea name="mess_content"  rows="5" cols="40" >
</textarea><br />
                        附  件：<input type="file"  value="选择文件"/><br />
```

```
            <div class="button01">
                <input type="submit" value="提交"/>
                <input  type="reset" value="重置"/>
            </div>
        </fieldset>
    </form>
</main>
<hr />
<footer id="foot">
    <p>
        <a href="img/map.doc">我的位置</a>   |
        <a href="mailto:497049971@qq.com" >Email:站长信箱</a>   |
        <a href="#">关于工们</a>
    </p>
        <p id="copy">copyright&copy;2012-2018     
  广东红色文化&reg; 粤 ICP 备 10026XXX 号<br/>
    </p>
</footer>
```

4. 【新建各种 CSS 样式】在 <head></head> 之间，添加外部链接样式文件 newsinfo.css，代码如下：

```
nav{text-align: right;}
#foot{text-align: center;}
hr{border: none;border-bottom: 2px #FF0000 double;}
#copy{line-height: 2;
    font-size: 15px;
}
nav a:link{
    color:#309 ;
    font-weight: bold;
    text-decoration: none;
} /*未访问的超链接*/
nav a:visited{
    color: :#666;
    font-weight: bold;
    text-decoration: none;
} /*已访问链接的样式*/
nav a:hover{
    color: #F60;
    text-decoration: none;
    font-style: italic;
}
nav a:active{
    color:green ;
```

```
        text-decoration: none;
        font-style: italic;
    }
    span{font-weight: bold;}
    main{
        width: 800px;
        margin: auto;
        line-height: 3;
    }
    .button01 input{background-color: orange;
        border: none;
        width: 60px;
        height: 35px;
        margin: 20px;
    }
```

技巧与提高

明确的字段标签：在需要 JavaScript 交互功能时，为每个输入字段使用 <label> 标签，并确保 for 属性与相应输入字段的 id 属性匹配，以提高可访问性。

表单验证：利用 HTML 5 提供的表单验证功能，如 required、pattern、min、max 等属性，减轻服务器端的验证负担。

项目评价

班级：　　　　　小组：　　　　　姓名：　　　　　学号：　　　　　综合评分：

序　号	任务内容	实施结果自评	小组互评
1	能用 <table><tbody><tr><td><tfoot> 等标签创建表格		
2	能用 CSS 样式美化表格实现动态效果		
3	能用 <form><input> 完成表单的输入、单选按钮、复选框等功能的设计		
4	能用 CSS 样式美化表单		

项目八

“广东红色文化”主题网站制作——CSS 3 动画效果

项目导读

小丁团队已经完成了“广东红色文化”主题网站主要页面的制作，在这个快节奏、视觉驱动的时代，静态网页设计已经无法满足用户的需求，需要进一步为网页添加动态效果。CSS 3 动画提供了一种强大而灵活的方式来实现这些效果，过渡和动画都是CSS 3中新增的属性，无须依赖 JavaScript 或 Flash。小丁将在本项目中使用 CSS 3 动画功能进行网页动态效果设计，使页面更加生动，吸引用户的注意。

学习目标

知识传递

- 理解 CSS 3 动画原理
- 掌握 CSS 3 动画的基本概念（包括 @keyframes、transition 和 animation 属性）
- 理解 CSS 过渡如何工作

能力培养

- 能够创建平滑的过渡效果。
- 能够独立设计并实现复杂的 CSS 3 动画效果。
- 能够根据用户体验需求设计动画

价值引领

- 增强对中华文化、历史传统和国家发展的认同感

通过设计红色主题的过渡动画介绍地方红色文化，让学生更加直观地感受历史的发展和成就，激发学生的爱国情感和历史责任感，增强国家认同感。

- 培养创新精神

鼓励学生在学习 CSS 3过渡动画的过程中，发挥创新思维，设计出独特的动画效果，培养学生的创新能力和解决问题的实践能力。

知识准备

视频

过渡动画

一、过渡效果

（一）过渡（transition）

CSS 3 过渡属性（CSS 3 transition）是一种用于在 CSS 中创建平滑过渡效果的属性集合。它允许在 CSS 属性值发生变化时，使变化过程以一种渐变的、动画般的形式展现，而不是属性值的瞬间改变。这种过渡效果可以应用于众多的 CSS 属性，如颜色、尺寸、位置、透明度等。过渡属性主要包括 transition-property、transition-duration、transition-timing-function、transition-delay，下面分别对这些过渡属性进行详细讲解。

1. transition-property 属性

transition-property 属性用于设置 HTML 元素参与过渡的属性，其基本语法格式如下：

```
transition-property:none|all| property;
```

语法说明：

在上述语法中，transition-property 属性有 none、all 和 property 三个值，具体说明见表 8.1。

表 8.1　transition-property 属性值说明

属性值	说明
none	没有任何属性会获得过渡效果
all	所有属性都将获得过渡效果
property	定义应用过渡效果的 CSS 属性名称，多个名称之间以逗号分隔

2. transition-duration

transition-duration 设置 HTML 元素过渡持续的时间，其基本语法格式如下：

```
transition-duration:time;
```

语法说明：

在上述语法中，transition-duration 属性用于定义过渡效果花费的时间，默认值为 0，通常使用单位为秒（s）或毫秒（ms）。

3. transition-timing-function

transition-timing-function 属性设置 HTML 元素过渡效果的速度曲线，其基本语法格式如下：

```
transition-timing-function: linear|ease|ease-in|ease-out|ease-in-out|
cubic-bezier(n,n,n,n);
```

语法说明：

在上述语法中，transition-timing-function 属性的默认值为 ease，表示平滑过渡。cubic-bezier（数值，数值，数值，数值）函数用于创建特定的贝塞尔曲线类型，该函数有四个数值参数，数值需在 [0,1] 区间内，具体解释见表 8.2。

表 8.2 transition-property 属性值说明

属 性 值	说 明
linear	指定以相同速度开始至结束的过渡效果，等同于 cubic-bezier(0,0,1,1)）
ease	指定以慢速开始，然后加快，最后慢慢结束的过渡效果，等同于 cubic-bezier(0.25,0.1,0.25,1）
ease-in	指定以慢速开始，然后逐渐加快（淡入效果）的过渡效果，等同于 cubic-bezier(0.42,0,1,1）
ease-out	指定以慢速结束（淡出效果）的过渡效果，等同于 cubic-bezier(0,0,0.58,1）
ease-in-out	指定以慢速开始和结束的过渡效果，等同于 cubic-bezier(0.42,0,0.58,1）
cubic-bezier(n,n,n,n)	定义用于加速或者减速的贝塞尔曲线的形状，它们的值在 0 ~ 1 之间

4. transition-delay

transition-delay 属性用于设置 HTML 元素延迟过渡时间，其基本语法格式如下：

```
transition-delay: time;
```

语法说明：

在上述语法中，默认值为 0，常用单位为秒（s）和毫秒（ms）。当设置时间为正数时，过渡动作会延迟触发；当设置时间为负数时，过渡动作会从该时间点开始，之前的动作被截断。

5. transition

transition 属性用于设置对象变换时的过渡效果，该属性为复合属性，其中包含了前面介绍的四个属性，其基本语法格式如下：

```
transition: transition-property| transition-duration |transition-timing-
function |transition-delay ;
```

语法说明：

在上述语法中，每个子属性之间用空格分隔，一般按照过渡属性、过渡时间、过渡类型以及过渡延迟时间的顺序书写。在设置过渡效果时，一般需要这四个属性配合使用，具体属性值说明见表 8.3。

表 8.3 transition-property 属性值说明

属 性 值	说 明
transition	简写属性，用于将四个过渡属性设置为单一属性
transition-delay	规定过渡效果的延迟（以秒计）
transition-duration	规定过渡效果要持续多少秒或毫秒
transition-property	规定过渡效果所针对的 CSS 属性的名称
transition-timing-function	规定过渡效果的速度曲线

二、变形动画（transform）

视 频

CSS变形动画

在 CSS 3 中，transform 属性可以实现网页中元素的变形效果，变形效果是一些效果的集合，如平移、旋转、缩放、倾斜效果等，变形主要应用于元素的 2D（二维）或 3D（三维）转换。变换允许将 HTML 元素旋转、缩放、平移、倾斜等，该属性是 CSS 3 新增属性。其基本语法格式如下：

```
transform:none|[transform-function] [transform-function] [transform-function];
```

语法说明：

上述语法中，transform 的默认值为 none，表示不进行变换，参数“transform-function”表示变换函数，可以一次性为该属性指定多个函数，多个函数之间用空格分隔。CSS 中提供了多个变换函数设置变形，主要包括 matrix()、translate()、scale()、rotate()、skew() 等。

（一）2D 变形

1. 平移 translate()

translate() 函数实现元素坐标的变化，包括水平移动和垂直移动。其基本语法格式如下：

```
transform:translate(x-value,y-value);
```

语法说明：

上面的语法中，x-value 指元素在水平方向上移动的距离，y-value 指元素在垂直方向上移动的距离。如果省略了第二个参数，则取默认值 0。当值为负数时，表示反方向移动元素。

2. 缩放 scale()

scale() 函数用于缩放元素大小，该函数包含两个参数值，分别用来定义宽度和高度的缩放比例。其基本语法格式如下：

```
transform:scale(x-value,y-value);
```

语法说明：

上述语法中，x-value 定义水平（x 轴）的缩放，y-value 定义垂直（y 轴）的缩放。参数值可以是正数、负数和小数。正数值表示基于指定的宽度和高度放大元素。负数值不会缩小元素，而是反转元素（如文字被反转），然后再缩放元素。如果第二个参数省略，则第二个参数值等于第一个参数值。

3. 倾斜 skew()

skew() 函数用于倾斜显示元素，该函数包含两个参数值，分别用来定义 x 轴和 y 轴坐标倾斜的角度，其基本语法格式如下：

```
transform:skew(x-value,y-value);
```

语法说明：

上述语法中，x-value 表示 x 轴进行倾斜，y-value 表示 y 轴进行倾斜。取值可以为正值或者负值，表示不同的切斜方向，如果省略了第二个参数，则取默认值 0。

4. 旋转 rotate()

rotate() 函数用于旋转指定的元素对象，主要在二维空间内进行操作。该方法中的参数允许传入负值，这时元素将逆时针旋转，其基本语法格式如下：

```
transform:rotate(angle);
```

语法说明：

上面的语法中，参数 angle 表示要旋转的角度值。如果角度为正数值，则按照顺时针进行旋转，否则，按照逆时针进行旋转。

5. 中心点 transform-origin

通过 transform 属性可以实现元素的平移、缩放、旋转、倾斜等效果，这些变形操作都是以元素的中心点为基准进行的。若要改变中心点，可以使用 transform-origin 属性完成，其基本语法格式如下：

```
transform-origin:x-axis y-axis z-axis;
```

语法说明：

上述语法中，transform-origin 属性包含三个参数，其默认值分别为 50%、50%、0，各参数的具体说明见表 8.4。

表 8.4　transform-origin 属性的参数说明

参　数	说　明
x-axis	定义视图被置于 x 轴的何处，属性值可以是 %、px 等，也可以是 top、right、bottom、left、center 等关键词
y-axis	定义视图被置于 y 轴的何处，属性值可以是 %、px 等，也可以是 top、right、bottom、left、center 等关键词
z-axis	定义视图被置于 z 轴的何处，一般取值为长度值（px），不能是百分比（%）

（二）3D 变形

1. 立体旋转 rotateX()

rotateX() 函数用于设置对象沿 x 轴旋转，其基本语法格式如下：

```
rotateX(angle);
```

语法说明：

上述语法中，angle 参数用于设置对象绕 x 轴旋转的角度，取值可以是正数也可以是负数，取正值时，元素将围绕 x 轴顺时针旋转，取负值时，元素将围绕 x 轴逆时针旋转。

2. 立体旋转 rotateY()

rotateY() 函数用于设置对象沿 y 轴旋转，其基本语法格式如下：

```
rotateY(angle);
```

语法说明：

上述语法中，angle 参数的设置参照 rotateX() 函数。

3. 立体旋转 rotateZ()

rotateZ() 函数用于指定对象在 z 轴上的旋转角度，其基本语法格式如下：

```
rotateZ(x, y, angle);
```

语法说明：

上述语法中，angle 参数的设置参照 rotateX() 函数。

> **注意：** rotateZ() 函数和 rotateY()、rotateX() 函数的功能类似，仅从视觉角度上看，rotateZ() 函数可以让元素顺时针或逆时针旋转，与 2D 中的 rotate() 函数效果一样，但 rotateZ() 函数不是在 2D 平面上的旋转。

4. 立体旋转 rotate3d()

rotate3d() 是通过 rotateX()、rotateY()、rotateZ() 函数演变的综合函数，其基本语法格式

如下：

```
rotate3d(x, y, z, angle);
```

语法说明：

上述语法中，x、y、z 可以取值 0 或 1，当要沿某一轴转动，就将该值设置为 1，设置为 0 该方向不旋转，angle 参数为旋转的角度值，不允许省略。

5. 透视（perspective）

perspective 属性用于设置将一个 2D 平台的计算机显示屏具有立体感（3D 效果），通过透视可以将一个 2D 平面在转换过程中呈现 3D 效果。

```
perspective :参数值;
```

语法说明：

上述语法中，perspective 属性可以为 none 或者数值（一般为像素），其透视效果由参数值决定，参数值越小，透视效果越突出。

6. translate3d(x,y,z)

translate3d(x,y,z) 是在 2D 移动的基础上，多加了一个可以移动的 z 轴方向，其基本语法格式如下：

```
transform: translate3d(x, y, z)
```

语法说明：

上述语法中，属性包含以下值：

- transform: translateY(100px)：仅在 y 轴上移动。
- transform: translateZ(100px)：仅在 z 轴上移动。
- transform: translate3d(x, y, z)：其中 x、y、z 分别指要移动的轴的方向的距离。

注意： x, y, z 对应的值不能省略，如果不需要填写，则用 0 进行填充。

三、动画（animation）

CSS 3 动画是一项具有革命性的特性，它通过定义关键帧来实现对单个或多个动画的精确控制，能够创造出复杂的动态效果。与仅能实现简单状态变化的过渡和变形不同，CSS 动画为 HTML 元素提供了更丰富的表现力，支持多样化的变换效果、更精细的控制方式以及自动循环播放等功能。开发者仅需使用 CSS 动画属性即可实现基础动画效果，无须依赖 JavaScript。不过对于更复杂的动画场景，建议结合 JavaScript 进行开发以获得更强的控制能力。

提示： 本属性同 transition 属性一样，每个浏览器的属性前面都需要添加内核代码。

@keyframes（关键帧）定义动画

@ keyframes 属性用于指定动画名称和动画关键帧的样式。其基本语法格式如下：

```
@keyframes animation-name{
    Keyframes-selector{css-style;}
}
```

上述语法中，@keyframes 属性包含以下值：

• animation-name：表示动画的名称，作为引用时的唯一标识，因此不能为空。

• Keyframes-selector：表示动画持续时间的百分比，0% 是动画的开始，100% 是动画的完成——这样的规则就是动画序列。

• css-style：在 @keyframes 中定义 CSS 样式规则，能创建从当前状态平滑过渡到目标状态的动画效果。

任务一 使用过渡动画制作一个文字下拉效果

任务描述

小丁团队学习了过渡动画效果，打算用这种功能呈现鼠标悬停图片时出现文字的介绍，并将该功能用于制作导航栏切换动画与轮播动画。

任务展示

任务实施

1.【导入项目】通过选择"文件"→"导入"→"从本地目录导入"命令打开"广东省红色文化网站"项目。

2.【新建 HTML 文件】在项目文件夹中，通过选择"新建"→".html 文件"命令创建"过渡动画 .html"文件。

3.【新建各种标签】在 <body></body> 之间，添加各种结构化标签：

```
<div class="pic">
    <p class="text1">
        <span>广州中山纪念堂</span>
        <span>第五批全国重点文物保护单位</span>
        <span></span>
```

```
    </p>
</div>
```

4.【新建各种 CSS 样式】在 <head></head> 之间，添加内部链接样式：

```
<style type="text/css">
    *{margin:  auto;}
    .pic {  width: 600px;
        height: 500px;
        background-image: url(img/pic_1.png);
        margin-top: 50px;
        position: relative;
        overflow: hidden;
    }
    .text1{
        width: 600px;
        height: 500px;
        background: rgba(0,0,0,0.5);
        position: absolute;
        top: -400px;
        color: white;
        font-size: 25px;
        text-align: center;
        transition:all 0.5s ease-out 0s;
    }
    .text1 span{
        display: block;
        margin-top: 40px;
        font-weight: bold;
    }
    .text1 span:nth-child(2){
        font-style: italic;
        font-weight: normal;
        font-size: 20px;
    }
    .text1 span:nth-child(3){
        width:75px;
        height: 22px;
        background:url(img/anniu.png) no-repeat;
    }
    .pic:hover p{
        display: block;
        left: 0;
        top:0;
    }
</style>
```

技巧与提高

合理使用 transition-timing-function 控制动画节奏：默认的 ease 缓动效果适用于大多数场景，但针对不同的交互效果，可以调整 transition-timing-function 来优化动画流畅度。

优先使用 GPU 加速 & 减少重绘：CSS Transition 虽然性能较好，但不当使用仍可能导致卡顿，使用 transform 和 opacity 触发 GPU 加速（浏览器会优先用 GPU 渲染）。

任务二 使用3D变形动画制作图片翻转效果

任务描述

小丁团队学习了变形动画的各种效果，当鼠标悬挂经过前面图片时进行 3D 翻转显示背后的图片，这种特效过渡方式能打破传统平面切换的单调感。变形动画效果常见于网页中电子商务产品的介绍，以 3D 变形动画全方位展示商品细节。

任务展示

任务实施

1. 【导入项目】通过选择“文件”→“导入”→“从本地目录导入”命令打开“广东省红色文化网站”项目。

2. 【新建 HTML 文件】在项目文件夹中，通过选择“新建”→“.html 文件”命令创建“过渡动画 .html”文件。

3. 【新建各种标签】在 <body></body> 之间，添加各种结构化标签：

```
<div>
    <img src="img/清远校区.jpg" id="summer" />
    <img src="img/后面.jpg" id="winter"/><!-- 640*452 -->
</div>
```

4. 【新建各种 CSS 样式】在 <head></head> 之间，添加内部链接样式：

```
<style type="text/css">
    div{
        width: 640px;
        height: 452px;
        position: relative;
        margin: 0 auto;
        perspective: 1000px;          /* 视觉效果*/
    }
    img{
        position: absolute;
        transition: all 2s;          /* 翻转的时间2s*/
    }
    #winter{backface-visibility: hidden;}
    #summer{transform:rotateY(180deg);}
    div:hover #winter{transform: rotateY(180deg);}
    div:hover #summer{transform: rotateY(360deg);}
</style>
```

技巧与提高

增加 3D 效果：合理使用 transform-style 和 perspective 增强 3D 效果。在父容器设置 perspective，而非子元素，避免性能问题。

优化性能：3D 动画可能消耗较多 GPU 资源，隐藏背面（backface-visibility: hidden）可减少计算。

项目评价

班级：　　　　小组：　　　　姓名：　　　　学号：　　　　综合评分：

序　号	任务内容	实施结果自评	小组互评
1	过渡动画的复合属性设置		
2	过渡动画与伪类选择器实现图文叠加效果		
3	3D 旋转动画实现图片翻转效果		

项目九

电子商务网站的制作——Flexbox 和 Grid 布局

项目导读

随着 CSS 3 的引入，特别是 Flexbox 和 Grid 布局的出现，网页布局变得更加直观和灵活，如何高效地利用弹性盒布局和网格布局进行书城电子商务网站的设计与制作。本项目小丁团队将高效地利用 Flexbox 和网格布局进行页面元素的排列与对齐、导航栏设计和复杂的内容板块布局，并进行一些页面的美化。

学习目标

知识传递

- 理解 flex-direction、flex-wrap、justify-content、align-items 等核心属性的用法和效果
- 掌握 Flex 容器和 Flex 项目的定义和区别
- 掌握 Flexbox 在复杂布局中的应用
- 掌握网络布局的定义

能力培养

- 能够独立使用 Flexbox 布局设计和实现网页布局
- 能够使用 Flexbox 设计出适应不同设备的响应式网页
- 能够调试 Flexbox 布局中的问题，并进行性能优化
- 能够使用网格布局设计出适应不同设备的响应式网页

价值引领

- 培养适应变化的灵活性思维

通过学习弹性布局和 Grid 布局，能开发各种自适应性、响应式、可扩展性和可维护性的布局，从而培养学生的灵活性思维，适应快速变化的科技和社会环境，并引导学生在职业生涯中不断学习新技能、适应新环境以持续保持竞争力。

- 培养自主探究的学习习惯和终身学习意识

在介绍弹性布局和 Grid 布局的过程中，可以适时地介绍前端技术的发展历程和未来趋势，让学生意识到在前端开发过程中要不断更新技术，鼓励学生保持对新技术的好奇

心和学习热情，养成持续学习的习惯。

• 树立品牌意识，建设品牌强国

Font Awesome、Material Icons 等大型开源图标库通常具有清晰的版权说明和完善的技术支持。要通过商标侵权案例的学习，使学生在分析网页设计项目时，能根据项目性质、目标受众和功能需求等关键因素，科学筛选适配的图标资源，锻炼全球意识和国际化视野，培养对中国制造、中国质量、中国品牌的追求精神。

知识准备

一、弹性盒布局

（一）Flexbox 概念

视频 弹性盒子

针对越来越多用户用移动端访问网页的情况，W3C 提出了一种新的方案——弹性（flex）布局，可以简便、完整、响应式地实现各种页面布局，目前，它已得到大部分浏览器的支持，这意味着，现在就能很安全地使用这种方案，以适应不同分辨率显示设备的需求。它用来为盒状模型提供最大的灵活性，任何一个容器都可以指定为 flex 布局，只需将其设置为 display: flex; 或 display:inline-flex; 即可。

弹性盒子布局（Flexbox）是一种现代的 CSS 布局模型，旨在使容器中的子元素能够以弹性的方式布局和对齐。它提供了一种更加灵活和直观的布局方式，使得创建响应式和复杂布局变得更加容易。采用 Flex 布局的元素，称为 Flex 容器（flex container），简称“容器”，如图 9.1 所示。它的所有子元素自动成为容器成员，称为 Flex 项目（flex item）。主轴（main axis）：项目沿着容器分布的轴，可以是水平或垂直。

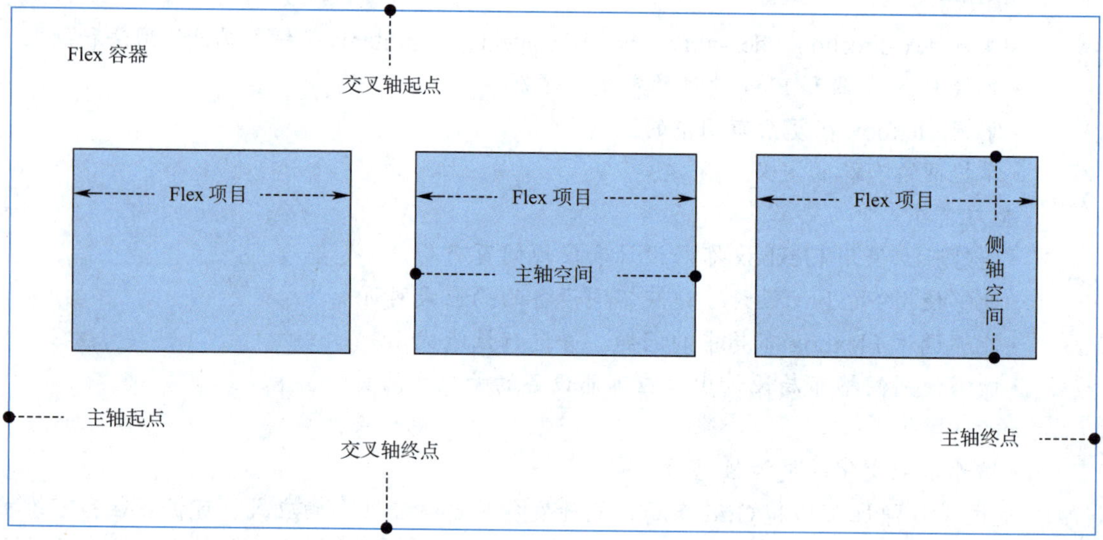

图 9.1　Flex 布局的元素

（二）常用属性

1. flex-direction 属性

Flexbox 就是控制一行或一列中元素的分布。默认情况下，项目将并排堆叠成一行，可以控制是行还是列显示。其基本语法格式如下：

```
flex-direction: row | row-reverse | column | column-reverse
```

语法说明：

在上述语法中，flex-direction 取值通常有四个，具体说明见表 9.1。

表 9.1 flex-direction 属性值说明

属 性 值	说 明
row	默认值，主轴为水平方向（水平布局），起点在左端，从左向右排列
row-reverse	主轴为水平方向（水平布局），起点在右端，从右向左排列
column	主轴为垂直方向（垂直布局），起点在上沿，从上往下排列
column-reverse	主轴为垂直方向（垂直布局），起点在下沿，从下往上排列

flex-direction 属性应用示例如下：

```
<!DOCTYPE html>
<html>
    <head>
        <meta charset="utf-8">
        <title>flex-direction 属性</title>
        <style type="text/css">
            .flex-container {
                display: flex;
                flex-direction: column;
                width: 400px;
                height: 250px;
                background-color: lightgrey;
            }
            .flex-item {
                background-color: skyblue;
                width: 100px;
                height: 100px;
                margin: 10px;
            }
        </style>
    </head>
    <body>
        <div class="flex-container">
            <div class="flex-item">盒子1</div>
            <div class="flex-item">盒子2</div>
            <div class="flex-item">盒子3</div>
        </div>
    </body>
</html>
```

在 Chrome 浏览器中的运行效果如图 9.2 所示。

图 9.2　flex-direction: column 属性应用效果

修改图 9.2 对应示例中的 flex-direction 属性的代码如下：

```
flex-direction: row;
```

刷新 HTML 页面，在 Chrome 浏览器中的运行效果如图 9.3 所示。

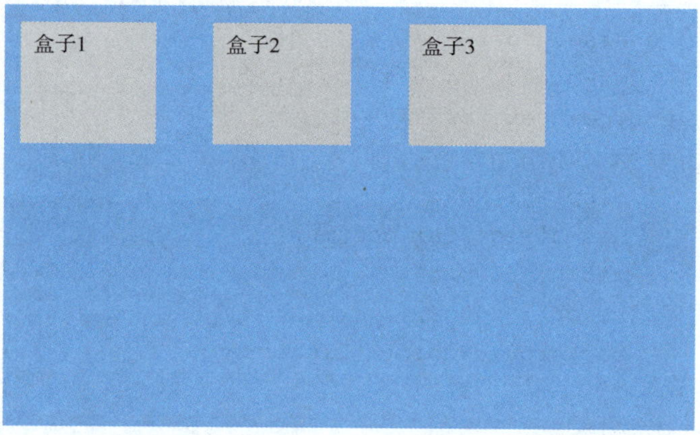

图 9.3　flex-direction: row 属性应用效果

2. flex-wrap 属性

内容对齐（flex-wrap）属性应用在弹性容器上，把弹性项沿着弹性容器的主轴线（main axis）对齐，其基本语法格式如下：

```
flex-wrap:nowrap| wrap | wrap-reverse
```

语法说明：

在上述语法中，flex-wrap 属性的取值通常有三个，具体说明见表 9.2。

表 9.2　flex-wrap 属性值说明

属 性 值	说　明
nowrap	默认值，表示不换行
wrap	换行
wrap-reverse	换行，第一行在下方

flex-wrap 属性应用示例如下：

```
<!DOCTYPE html>
<html>
    <head>
        <meta charset="utf-8">
        <title>环绕效果flex-wrap</title>
        <style type="text/css">
            .d {
                display: flex;
            }
            .d1, .d2, .d3 {
                width: 100px;
                height: 100px;
            }
            .d1 {
                background-color: pink;
            }
            .d2 {
                background-color: skyblue;
            }
            .d3 {
                background-color: lightgray
            }
        </style>
    </head>

    <body>
        <div class="d">
            <div class="d1">1</div>
            <div class="d2">2</div>
            <div class="d3">3</div>
            <div class="d1">4</div>
            <div class="d2">5</div>
            <div class="d3">6</div>
            <div class="d1">7</div>
            <div class="d2">8</div>
            <div class="d3">9</div>
        </div>
    </body>
</html>
```

在 Chrome 浏览器中的运行效果如图 9.4 所示，flex-wrap 属性的默认值为 nowrap，当窗体的宽度被拉到最小时，几个 div 不会换行，而是缩小自己的宽度适应窗口的宽度。

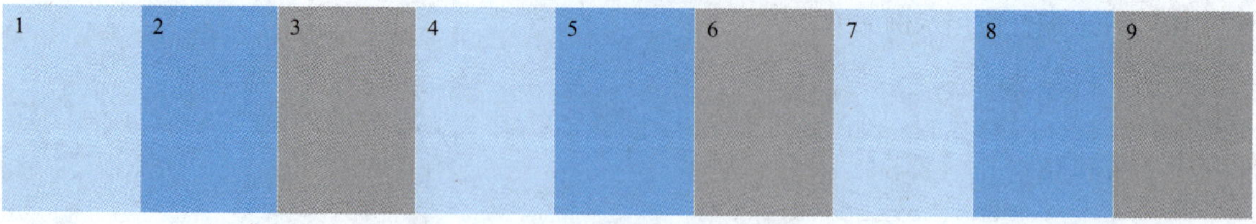

图 9.4　flex-wrap: nowrap 属性应用效果

给类选择器“.d”的 div 添加 flex-wrap: wrap 的 CSS 样式，当窗口宽度很小时，里面的 div 会自动换行，而且第一行在上方，代码如下：

```
.d {
    display: flex;
    flex-wrap: wrap;
}
```

刷新 HTML 页面，在 Chrome 浏览器中的运行效果如图 9.5 所示。

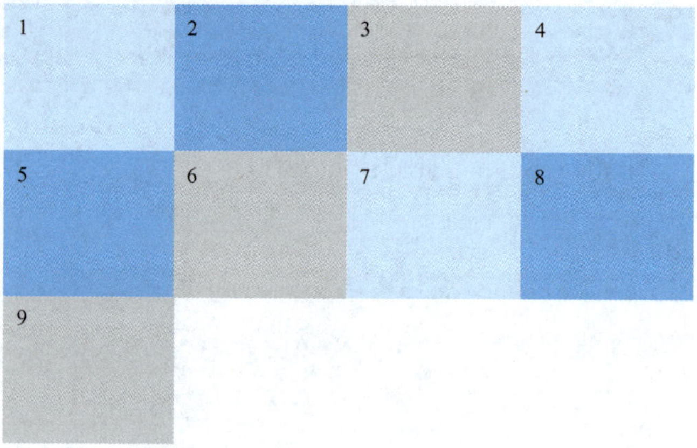

图 9.5　flex-wrap: wrap 属性应用效果

3. justify-content 属性

内容对齐（justify-content）属性应用在弹性容器上，把弹性项沿着弹性容器的主轴线（main axis）对齐，其基本语法格式如下：

```
justify-content: flex-start | flex-end | center | space-between | space-around
```

语法说明：

在上述语法中，justify-content 属性取值通常有 5 个，具体说明见表 9.3。

表 9.3　justify-content 属性值说明

属　性　值	说　　明
flex-start	默认值，左对齐
flex-end	右对齐
center	居中
space-between	两端对齐，项目之间的间隔相等
space-around	项目两侧的间距相同，项目之间的间距比两侧的间距大一倍

justify-content 属性应用示例如下：

```
<!DOCTYPE html>
<html>
    <head>
        <meta charset="utf-8">
        <title>justify-content属性</title>
        <style type="text/css">
            .d {
                display: flex;
                justify-content: flex-start;
            }
            .d1, .d2, .d3 {
                width: 100px;
                height: 100px;
            }
            .d1 {
                background-color: pink;
            }
            .d2 {
                background-color: skyblue;
            }
            .d3 {
                background-color: lightgray
            }
        </style>
    </head>
    <body>
        <div class="d">
            <div class="d1"></div>
            <div class="d2"></div>
            <div class="d3"></div>
        </div>
    </body>
</html>
```

flex-start 的默认值为左对齐，在 Chrome 浏览器中的运行效果如图 9.6 所示。

图 9.6　justify-content: flex-start 属性应用效果

把 justify-content 的内容设置为右对齐，代码如下：

```
.d {
    display: flex;
    justify-content: flex-end;
}
```

设置为右对齐，保存 HTML 文件，在 Chrome 浏览器中的运行效果如图 9.7 所示。

图 9.7 justify-content：flex-end 属性应用效果

把 justify-content 的内容设置为居中对齐，代码如下：

```
.d {
    display: flex;
    justify-content: center;
}
```

设置为居中对齐，保存 HTML 文件，在 Chrome 浏览器中的运行效果如图 9.8 所示。

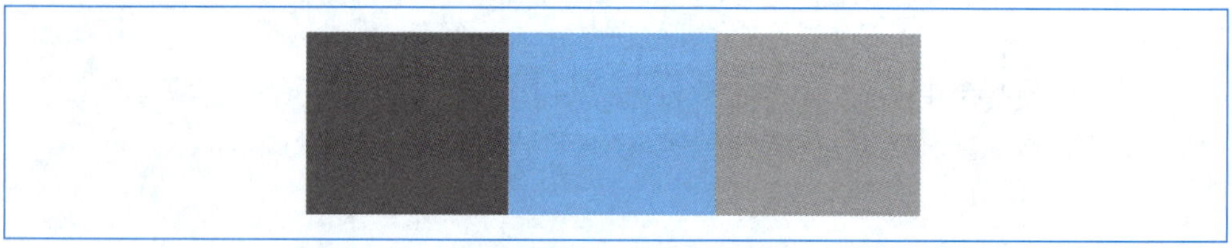

图 9.8 justify-content: center 属性应用效果

把 justify-content 的内容设置为两端对齐，代码如下：

```
.d {
    display: flex;
    justify-content: space-between;
}
```

设置为两端对齐，保存 HTML 文件，在 Chrome 浏览器中的运行效果如图 9.9 所示。

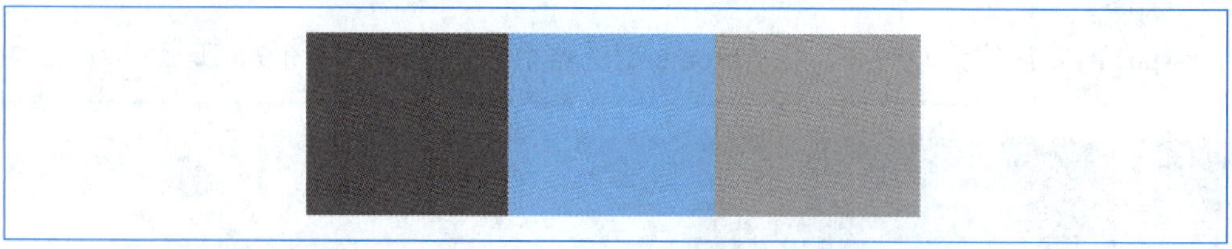

图 9.9 justify-content: space-between 属性应用效果

二、网格布局

（一）网格布局概述

CSS Grid 布局，简称 Grid，是 CSS 的一个二维布局系统，它能够处理行和列，使得网页布局变得更加直观和强大。与传统的布局方式相比，Grid 能够轻松实现复杂的页面结构，而无须烦琐地浮动、定位或是使用多个嵌套容器。

（二）网格布局相关的属性

Grid 布局是将容器划分成“行”和“列”，产生单元格，然后指定“项目所在”的单元格，可以看作二维布局，也是唯一的二维布局方案，利用 Grid 布局可以很轻松地实现很多的网页布局。Gird 布局很强大，采用网格布局的区域称为“容器”（container），容器内部子元素称为“项目”（item），即 container -> item。

1. 网格容器（container）

要创建一个网格容器，你需要在父元素上使用 display 属性，并将其值设置为 grid 或 inline-grid，CSS 样式如下：

```
.container {
    display: grid;          /* 或 display: inline-grid; */
}
```

2. 项目（item）

容器内的直接子元素，称为项目，Grid 布局只对项目生效，项目只能是容器的一级子元素，不包含项目的子元素。

3. Grid 的主要属性

（1）display

通过给元素设置：display:grid | inline-grid，可以让一个元素变成网格布局元素。其基本语法格式如下：

```
display: grid | inline-grid;
```

语法说明：

上述语法中，display:grid 表示把元素定义为块级网格元素，单独占一行。display:inline-grid：表示把元素定义为行内块级网格元素，可以和其他块级元素在同一行。

（2）grid-template-columns 和 grid-template-rows

grid-template-columns 和 grid-template-rows 分别用于定义网格的列和行的大小。grid-template-columns 属性用于设置列宽，grid-template-rows 属性用于设置行高。

CSS 样式示例如下：

```
.wrapper {
    display: grid;
    /*声明了三列，宽度分别为 200 px 200 px 200 px*/
    grid-template-columns: 200 px 200 px 200 px;
    grid-gap: 5px;
    /*声明了两行，行高分别为 50 px 50 px*/
    grid-template-rows: 50px 50px;
}
```

以上 CSS 代码表示固定列宽为“200 px 200 px 200 px”，行高为“50 px 50 px”。可以通过使用 repeat() 函数简写重复值。所以上述代码可以简写成：

```
.wrapper {
    display: grid;
    grid-template-columns: repeat(3,200px);
    grid-gap: 5px;
    grid-template-rows:repeat(2,50px);
}
```

（3）grid-row-gap 和 grid-column-gap 属性

grid-column-gap 和 grid-row-gap 用于定义网格的列间距和行间距。grid-gap 属性是两者的简写形式。

CSS 样式示例如下：

```
.wrapper {
    display: grid;
    grid-row-gap: 10px          ;/*表示行间距为10 px*/
    grid-column-gap: 20px       ;/*表示列间距为20 px*/
}
```

“grid-gap: 10px 20px;”等同上述两个网格之间的列间距和行间距。

网格布局的属性应用示例如下：

```
<!DOCTYPE html>
<html>
    <head>
        <meta charset="utf-8">
        <title>网格布局</title>
        <style type="text/css">
            .container {
                display: inline-grid;                      /*定义网格布局*/
                grid-template-rows: 100px 100px 100px;     /*定义每一行行高*/
                grid-template-columns: 100px 100px 100px;  /*定义每一列列宽*/
            }
            .item {
                border: 1px solid white;
                background-color: orange;
                color: white;
            }
        </style>
    </head>
    <body>
        <body>
            <div class="container">
                <div class="item">1</div>
                <div class="item">2</div>
                <div class="item">3</div>
```

```
                <div class="item">4</div>
                <div class="item">5</div>
                <div class="item">6</div>
                <div class="item">7</div>
                <div class="item">8</div>
                <div class="item">9</div>
            </div>
        </body>
    </body>
</html>
```

在 Chrome 浏览器中的运行效果如图 9.10 所示。

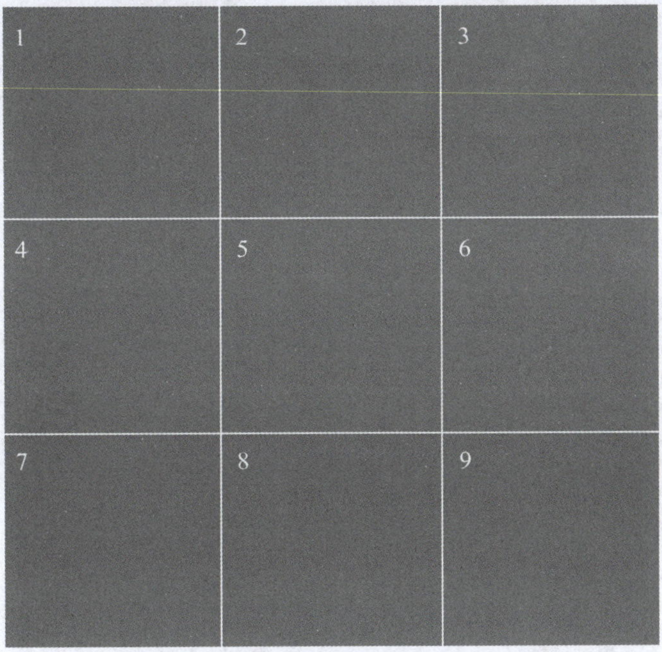

图 9.10 网格布局的属性应用效果

（4）grid-template-areas 属性

grid template-areas 属性用于定义区域，一个区域由一个或者多个单元格组成。一般这个属性与网格元素的 grid-area 属性一起使用，grid-area 属性指定项目存放在哪个区域。

网格的 grid-template-areas 属性应用示例如下：

```
<!DOCTYPE html>
<html>
    <head>
        <meta charset="utf-8">
        <title></title>
        <style>
            .g{
                display: grid;
```

```
            grid-template-columns: 1fr 3fr;
            grid-template-rows: auto 1fr auto;
            grid-gap: 10px;
            grid-template-areas:
                "header header"
                "sidebar content"
                "footer footer";
        }
        .g1 {
            grid-area: header;
            background-color: lightblue;
            padding: 20px;
            text-align: center;
        }
        .g2 {
            grid-area: sidebar;
            background-color: pink ;
            padding: 20px;
        }
        .g3 {
            grid-area: content;
            background-color: lightgray;
            padding: 20px;
        }
        .g4 {
            grid-area: footer;
            background-color: lightgoldenrodyellow;
            padding: 20px;
            text-align: center;
        }
    </style>
</head>

<body>
    <div class="g">
        <div class="g1">Header</div>
        <div class="g2">Sidebar</div>
        <div class="g3">Content</div>
        <div class="g4">Footer</div>
    </div>
</body>
</html>
```

在 Chrome 浏览器中的运行效果如图 9.11 所示。

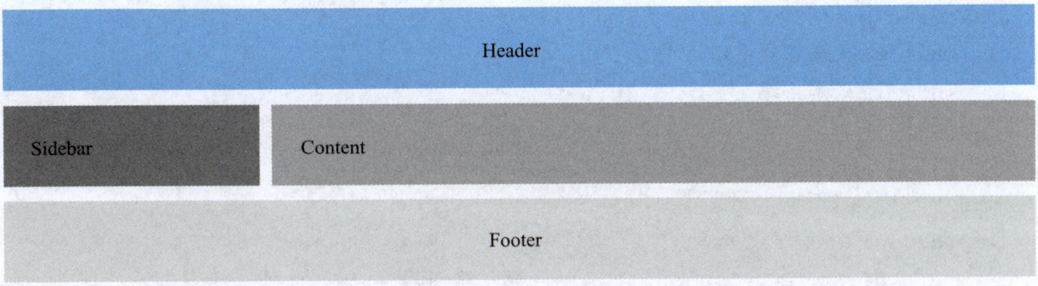

图 9.11　网格的 grid-template-areas 属性应用效果

任务一　使用弹性盒子制作电子商务书城网站的布局

任务描述

小丁团队要负责建设一个主题书城的电子商务网站，在进行网站规划与设计时考虑用户购买时使用的设备大部分是手机，打算用弹性盒子进行响应式布局，然后进行页面美化。

任务展示

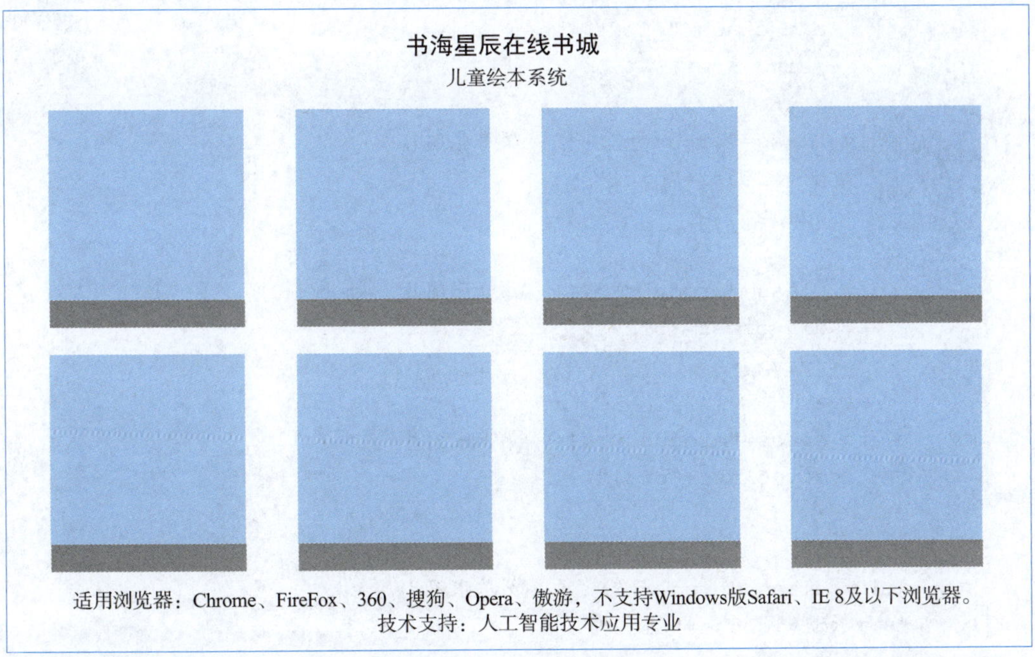

任务实施

1.【导入项目】通过选择“文件”→“新建”→“项目”命令创建“电子商务网站”项目。

2.【新建 HTML 文件】在项目文件夹中，通过选择“新建”→“.html 文件”命令创建“书城 flex 布局 .html”文件。

3.【新建各种标签】在 <body></body> 之间，添加各种结构化标签：

```
<header class="header">
    <h2>书海星辰在线书城</h2>
    <h3>儿童绘本系统</h3>
</header>

<main>
    <div class="father">
        <div class="product"><!-- 第一张图片 -->
            <div class="pic1"><!-- 放照片 -->
            </div>
        </div>
        <div class="product"><!-- 第二张图片 -->
            <div class="pic2">
            </div>
        </div>
        <div class="product"><!-- 第三张图片 -->
            <div class="pic1">
            </div>
        </div>
        <div class="product"><!-- 第四张图片 -->
            <div class="pic2">
            </div>
        </div>
        <div class="product"><!-- 第五张图片 -->
            <div class="pic1">
            </div>
        </div>
        <div class="product"><!-- 第六张图片 -->
            <div class="pic2">
            </div>
        </div>
        <div class="product"><!-- 第七张图片 -->
            <div class="pic1">
            </div>
        </div>
        <div class="product"><!-- 第八张图片 -->
            <div class="pic2">
            </div>
        </div>
    </div>
</main>
```

```
    <footer class="footer">
        <p>适用浏览器：Chrome、FireFox、360、搜狗、Opera、傲游， 不支持Windows版
Safari、IE 8及以下浏览器。
        </p>
        <p>技术支持：人工智能技术应用专业</p>
    </footer>
```

4.【新建各种 CSS 样式】在 <head></head> 之间，添加外部链接样式：

```
    .header{text-align: center;}
    .header h2{color: #FF0000;font-size: 40px;}
    div,h3,h4,ul,li{padding: 0;margin: 0;}
    ul,li{list-style: none;}

    .father{
        width: 65%;
        margin: auto;
        display: flex;
        flex-direction: row;
        flex-wrap: wrap;
        justify-content: space-between;
    }

    .product{
        width: 290px;
        height: 330px;
        background-color: pink;
        margin: 20px 0;
        position: relative;
        overflow: hidden;
    }

    .pic1,.pic2{
        width: 290px;
        height: 290px;
        background-color: #7FFFD4;
    }
    .footer{text-align: center;}
```

技巧与提高

弹性布局技巧如下：

- 在移动设备上，使用视口宽度（vw）和视口高度（vh）单位可以更好地控制元素大小。
- 避免过度使用复杂的 Flexbox 布局，因为这可能会影响渲染性能。
- 利用 CSS 框架（如 Bootstrap）中的 Flexbox 工具类快速实现布局。

任务二　使用网格制作电子商务主题书城网站的布局

任务描述

小丁团队要负责建设一个书城的电子商务网站，在进行网站规划与设计时考虑用户购买时使用的设备大部分是手机，打算用网格布局进行布局，与弹性盒布局进行比较，Grid 布局可以创建更加复杂的网格空间。

任务展示

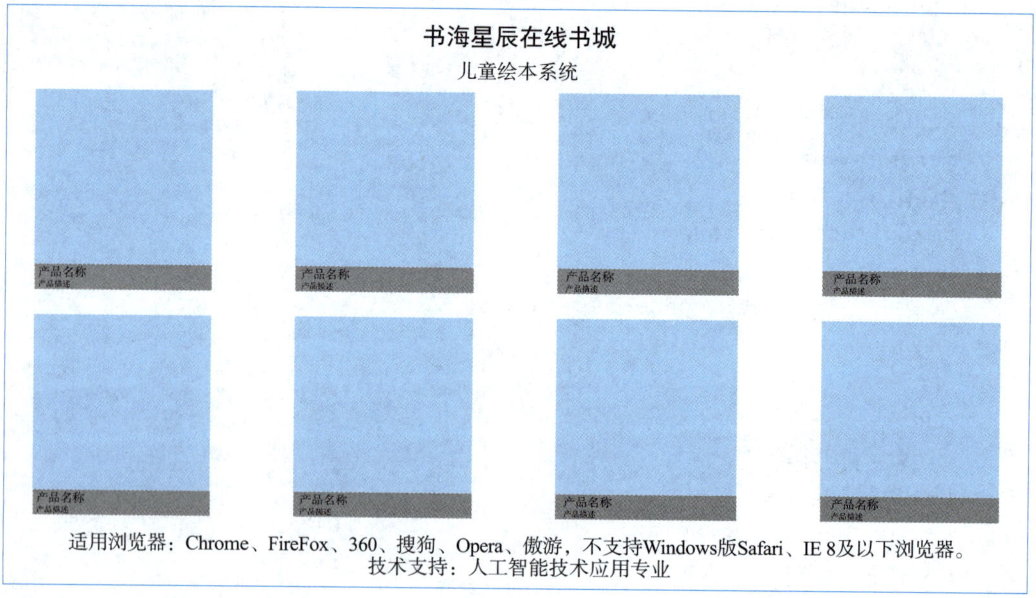

任务实施

1. 【导入项目】通过选择“文件”→“新建”→“项目”命令创建“电子商务网站”项目。

2. 【新建 HTML 文件】在项目文件夹中，通过选择“新建”→“.html 文件”命令创建“书城 Grid 布局 .html”文件。

3. 【新建各种标签】在 <body></body> 之间，添加各种结构化标签：

```
<main>
    <div class="father">
        <div class="product">
            <div class="pic1"></div>
            <h3>产品名称</h3>
            <h4>产品描述</h4>
            <ul>
                <li>特性1</li>
                <li>特性2</li>
            </ul>
```

```
</div>

<div class="product">
    <div class="pic2"></div>
    <h3>产品名称</h3>
    <h4>产品描述</h4>
    <ul>
        <li>特性1</li>
        <li>特性2</li>
    </ul>
</div>

<div class="product">
    <div class="pic1"></div>
    <h3>产品名称</h3>
    <h4>产品描述</h4>
    <ul>
        <li>特性1</li>
        <li>特性2</li>
    </ul>
</div>

<div class="product">
    <div class="pic2"></div>
    <h3>产品名称</h3>
    <h4>产品描述</h4>
    <ul>
        <li>特性1</li>
        <li>特性2</li>
    </ul>
</div>

<div class="product">
    <div class="pic1"></div>
    <h3>产品名称</h3>
    <h4>产品描述</h4>
    <ul>
        <li>特性1</li>
        <li>特性2</li>
    </ul>
</div>

<div class="product">
    <div class="pic2"></div>
    <h3>产品名称</h3>
    <h4>产品描述</h4>
```

```
                <ul>
                    <li>特性1</li>
                    <li>特性2</li>
                </ul>
            </div>

            <div class="product">
                <div class="pic1"></div>
                <h3>产品名称</h3>
                <h4>产品描述</h4>
                <ul>
                    <li>特性1</li>
                    <li>特性2</li>
                </ul>
            </div>

            <div class="product">
                <div class="pic2"></div>
                <h3>产品名称</h3>
                <h4>产品描述</h4>
                <ul>
                    <li>特性1</li>
                    <li>特性2</li>
                </ul>
            </div>
        </div>
    </main>
    <footer class="footer">
        <p>适用浏览器：Chrome、FireFox、360、搜狗、Opera、傲游， 不支持Windows版
Safari、IE 8及以下浏览器。
        </p>
        <p>技术支持：人工智能技术应用专业</p>
    </footer>
```

4.【新建各种 CSS 样式】在 <head></head> 之间，添加外部链接样式：

```
    .header {
        text-align: center;
    }
    .header h2 {
        color: #FF0000;
        font-size: 40px;
    }
    div, h3, h4, ul, li {
        padding: 0;
```

```
    margin: 0;
}
ul, li {
    list-style: none;
}
.father {
    width: 65%;
    margin: auto;
    display: grid;
    grid-template-columns: repeat(auto-fit, minmax(290px, 1fr));
    /* minmax(290px, 1fr) 定义列的宽度都不会小于290像素*/
    grid-gap: 20px;     /* 替代原有的margin: 20px 0; */
    justify-content: space-between;
}
.product {
    height: 330px;
    background-color: pink;
    position: relative;
    overflow: hidden;
}
.pic1, .pic2 {
    width: 100%;        /* 宽度设置为100%，适应Grid布局 */
    height: 290px;
    background-color: skyblue;
}
.footer {
    text-align: center;
}
```

技巧与提高

CSS 3 弹性布局和网格布局的比较如下：

CSS 3 中弹性布局（flexbox）和网格布局（grid layout）是两种用于创建响应式和灵活布局的强大工具，可以根据布局的需求选择使用布局工具。

弹性布局专注于一维布局，更适合在单行或单列上进行布局，对于需要在两个维度上进行复杂布局的情况，弹性布局可能不够灵活。

网格布局允许用户在行和列两个方向上创建复杂的布局，提供了对整个网格系统的控制。

任务三 美化电子商务书城网站

任务描述

小丁团队拟从任务一（Flex 布局）或者任务二（Grid 布局）选择一种布局方式进行页面的美化，要将图书的信息上传到网站（包括图片、价格、折扣等），并且制作网页前端购物车小图标的用户界面和交互。

任务展示

任务实施

1. 【导入项目】通过选择“文件”→“新建”→“项目”命令创建“电子商务网站”项目。

2. 【打开 HTML 文件】在项目文件夹中，通过选择“打开”→“书城 flex 布局 .html”文件，另存为“flex_index.html”文件。在每件商品之间添加小图标的标签和价格标签。

```
<div class="product"><!-- 第一张图片 -->
    <div class="pic1">
        <ul class="part1">
            <!-- 第一个小图标为购物车 -->
            <li><a href="#"><i class="fas fa-shopping-cart"></i></a></li>
            <!-- 第二个小图标为心形 -->
            <li><a href="#"><i class="fas fa-heart"></i></a></li>
            <!-- 第三个小图标为加号 -->
            <li><a href="#"><i class="fas fa-plus"></i></a></li>
            <!-- 第四个小图标为扩展符号 -->
            <li><a href="#"><i class="fas fa-expand"></i></a></li>
        </ul>
</div>
<div class="title">
    <h3>产品名称</h3>
```

```
    <h4 class="old_price">￥39.99</h4>
    <h4 class="new_pirce">￥29.99</h4>
</div>
```

3. 【修改 CSS 文件内容】打开 <head></head> 之间的 CSS 文件，修改其代码。网页中用的图标库是 Font Awesome，在 <head></head> 之间加入链接语句为 <link rel='stylesheet' href='Front Awesome Link(CDN)'>。

```
.header{text-align: center;}
.header h2{color: #FF0000;font-size: 30px;}
.header h3{color: #87CEEB;font-size: 24px; }
.footer{text-align: center;}
div,h3,h4,ul,li{padding: 0;margin: 0;}
ul,li{list-style: none;}
.father{
    width: 60%;
    margin: 0 auto;
    display: flex;
    flex-direction: row;
    flex-wrap: wrap;
    justify-content: space-between;
}
.product{
    width: 290px;
    height: 340px;
    margin: 20px 0;
    position: relative;
    overflow: hidden;
}
.pic1{
    width: 290px;
    height: 290px;
    background: url(../images/1.png)no-repeat center;
}
.part1{ position: absolute;
    bottom: -40px;
    left: 10%;
}
.part1 li{                                    /*把小图标放在同一行*/
    display: inline-block;
    padding: 10px;width: 15px;
    height: 15px;
    background-color: #EEEEEE;
}
```

```
.product:hover .part1{visibility: visible;bottom:20%;} /*小图标经过时出现*/
.title h4{display: inline-block;font-weight: normal;padding-left: 10px;}
.old_price{color: gray;text-decoration: line-through;}
.pic2{
    width: 290px;
    height: 290px;
    background: url(../images/2.png)no-repeat center;
}
span{
    display: block;position: absolute;left: 5%;top:10px;
    width: 70px;height: 25px;background-color: #FF0000;color: white;
    font-weight: bold;
}
.part1 i{color:gray;}
.part1:hover i{color: red;}
```

技巧与提高

1. 小图标的优势

在网页设计中，小图标不仅仅是装饰元素，更是能够有效呈现信息、引导用户操作并提升整体视觉效果的关键组件。

图标都能跨越语言障碍，准确传达含义。这使得网页能够在全球范围内拥有更广泛的受众，增强了网站的通用性和易用性。

小图标可以为网页增添活力与个性。通过选择与网页整体风格相匹配的图标库，并合理运用颜色、大小和排版等设计元素，能够打造出统一、美观且富有吸引力的页面视觉效果。

2. 常见的小图标库

Font Awesome 是一款非常流行的图标字体库，提供超过 33 000+ 图标，其中 2 000+ 免费图标标，涵盖了各种常见的类别。

Ionicons 国内功能很强大且图标内容很丰富的矢量图标库，提供 1 300+ 图标，支持 SVG 和 WebFont 格式，可以在普通网页项目中使用，也可以在移动应用和网页界面设计的图标，风格简洁明了，且具有良好的视觉辨识度，适用于 React、Vue 和 Web 平台。

任务四 电子商务书城轮播图的制作

任务描述

在电子商务网页设计中，图片轮播效果常常被用于展示多张图片或广告的轮流切换。通过 CSS 网格布局（CSS Grid）实现图片轮播的特定排版效果是一种常见的方式。

任务展示

任务实施

1. 【导入项目】通过选择“文件”→“打开”→“项目”命令创建“电子商务网站”项目。

2. 【新建 HTML 文件】在项目文件夹中，通过选择“新建”→“.html 文件”命令创建“轮播图页面 .html”文件。

3. 【新建各种标签】在 <body></body> 之间，添加图片标签：

```
<main>
    <section>
        <div>
            <img src="./images/p1.png" alt="">
        </div>
        <div>
            <img src="./images/p2.png" alt="">
        </div>
        <div>
            <img src="./images/p3.png" alt="">
        </div>
        <div>
            <img src="./images/p4.png" alt="">
        </div>
    <!--图片索引-->
    </section>
        <ul>
            <li>1</li>
            <li>2</li>
            <li>3</li>
            <li>4</li>
        </ul>
</main>
```

4. 【修改 CSS 文件内容】在 <head></head> 之间，添加内嵌样式代码：

```
<style type="text/css">
    body {
        width: 100vw;
        height: 100vh;
        display: grid;              /*网格布局*/
        grid-template: 1fr/1fr; /*容器被划分为1行1列，高度和宽度占满全部可用空间*/
        justify-items: center;
        align-items: center;
        background: #353b48;
    }
    main {
        width: 400px;
        height: 300px;
        overflow: hidden;
        position: relative;
    }
    /*存放所有图片 控制整体图片的移动*/
    section {
        width: 1600px;
        height: 300px;
        display: grid;
        grid-template: 1fr/repeat(4,1fr);
        animation-name: move;
        animation-duration: 4s;
        /*每张图占1 s且等1 s结束之后再移动*/
        animation-timing-function: steps(4,end);
        /*重复播放*/
        animation-iteration-count: infinite;
        position: relative;
    }
    div {
        width: 400px;
        height: 300px;
    }
    img {
        width: 100%;
    }
    ul {
        width: 200px;
        list-style-type: none;
        position: absolute;
        color: #fff;
        bottom: 0;
```

```
        display: grid;
        grid-template: 1fr/repeat(4,1fr);
        z-index: 2;
    }
    ul li {
        background-color: rgba(0,0,0,0.2);
        width: 30px;
        height: 30px;
        border-radius: 50%;
        display: grid;
        grid-template: 1fr/1fr;
        justify-items: center;
        align-items: center;
        position: relative;
    }
    ul li:first-child::after {
        content: "";
        width: 30px;
        height: 30px;
        background-color: #e84118;
        border-radius: 50%;
        position: absolute;
        z-index: -1;
        animation-name: move_li;
        animation-duration: 4s;
        animation-timing-function: steps(4,end);
        animation-iteration-count: infinite;
    }

    section:hover,section:hover+ul>li::after{
        animation-play-state: paused;
    }
    @keyframes move {
        to {
            transform: translateX(-1600px);
        }
    }
    /*小圆点动画*/
    @keyframes move_li {
        to {
            transform: translateX(200px);
        }
    }
</style>
```

技巧与提高

grid-template 属性

grid-template 属性是一个复合属性，用于定义一个网格容器的行和列的数量、大小和形状，其基本语法格式如下：

```
    grid-template: none | <grid-template-rows> / <grid-template-columns> |
<grid-template-areas> | <grid-auto-rows> / <grid-auto-columns> | <grid-auto-
flow>;
```

- none：表示没有行或列的定义，也没有任何单元格。
- grid-template-row：定义网格容器的行大小和行数，可以使用长度值、百分比和 fr 单位。
- grid-template-columns：定义网格容器的列大小和列数，可以使用长度值、百分比和 fr 单位。
- grid-template-areas：定义网格容器中的区域，可以使用字符串和句号表示单元格。
- grid-auto-rows：定义自动创建的网格行的大小。
- grid-auto-columns：定义自动创建的网格列的大小。
- grid-auto-flow：定义自动布局算法。可以是 row（将单元格从左到右、从上到下排列）、column（将单元格从上到下、从左到右排列）或 dense（更紧密地填充网格）。
- grid-template：1fr/1fr; 用于定义网格的行和列的模板，其值由两部分组成，中间用斜杠（/）分隔。

项目评价

班级：　　　　小组：　　　　姓名：　　　　学号：　　　　综合评分：

序　号	任务内容	实施结果自评	小组互评
1	Flex 实现电子商务书城网站页面布局		
2	Grid 实现电子商务书城网站页面布局		
3	使用小图标库的开源图标制作购物用户交互界面		
4	通过 CSS Grid 布局实现图片轮播的特定排版		

项目十
广东优秀传统文化项目综合实训

项目导读

党的二十届三中全会召开后，各地迅速掀起学习贯彻落实全会精神的热潮，广东省作为中国改革开放的前沿阵地，积累了较为丰富的改革开放经验，还承载着丰富的优秀传统文化资源，再次迎来重要发展机遇。小丁团队通过前面9个项目的学习已基本掌握简单网站的设计与制作，于是商议决定开发一个网站项目——“广东优秀传统文化”专题，让更多人能够便捷地了解广东的优秀传统文化（涵盖语言、节庆、婚嫁习俗、饮食文化、服饰文化、戏剧等）。

学习目标

知识传递

- 理解网站结构与布局
- 掌握首页、内容页、导航栏等元素的布局和设计原则
- 了解网页设计的基本元素（如文本、图像、视频和动画等）
- 掌握HTML和CSS如何使它们构建和美化页面

能力培养

- 能够独立完成网站的设计和制作，从概念到最终产品
- 熟练使用网页设计和开发工具
- 能够制作网站的基本功能并进行页面再美化
- 能够在团队中有效地沟通和协作，管理网站开发项目

价值引领

- 树立“家国一体”的文化自信

通过制作网站平台，了解广州作为海上丝绸之路重要起点的辉煌过往，从而增强对家乡的热爱与自豪之情，培养热爱家乡、热爱祖国的情怀。

- 传承优秀传统文化

利用数字化手段聚焦广东潮汕英歌舞巡游、醒狮等民俗活动，理解其中蕴含的民

众对美好生活的祈愿，凝聚世代相传的精神信仰，多角度地直观感受广东文化底蕴之深厚，激励学生以自信姿态向世界传播广东声音、中国声音，立志为国家发展和民族复兴努力奋斗。

• 培养团队协作与沟通能力

制作一个内容丰富、功能完善的广东传统优秀文化网站，需要涉及历史学、计算机科学、美术设计、文案编辑等知识和技能。学生在网页前端设计团队中需要明确各自的分工，学会发挥自己的专业优势，同时尊重和理解团队成员的角色与贡献，培养团队协作精神。

知识准备

一、HTML 5 网站需求分析

HTML 5 网站的需求分析是一个复杂但至关重要的过程。它涉及多个方面，以确保最终网站能够满足用户需求、提升用户体验，并在竞争激烈的市场中脱颖而出。以下是一个详细的 HTML 5 网站需求分析流程。

（一）用户群体分析

1. 用户画像

年龄：了解目标用户的年龄分布，以便调整网站的设计风格和语言风格。

兴趣爱好：明确用户的兴趣点，有助于设计吸引用户的页面内容和功能。

性格、职业、教育水平：这些因素会影响用户对网站内容的需求和接受度。

消费观念：了解用户的消费习惯，为网站中的商品或服务定价提供依据。

使用习惯：包括用户更倾向于使用 PC 端还是移动端，以及他们使用网站的时间段。

2. 用户需求

收集并分析用户对网站功能、界面、交互等方面的需求，确保网站设计符合用户期望。

（二）竞品分析

1. 业务功能对比

分析竞争对手的主要业务功能，确保自己的网站也具备这些功能，并考虑如何做得更好。

识别竞争对手的独有功能，评估其核心竞争力，并思考如何将这些元素融入自己的网站中。

2. 用户体验优化

对比竞争对手的用户操作及体验度，如按钮大小、交互操作、颜色字体大小等，确保自己的网站在用户体验上更胜一筹。

评估网站的响应速度和搜索功能，确保用户能够快速找到所需信息。

3. 用户信赖度

分析用户对竞争对手网站的信赖程度及习惯度，思考如何建立和提升用户对自己网站的信任感。

（三）业务功能分析

1. 页面架构展示功能

确定网站的整体页面架构，包括一级页面、二级页面、三级页面等，确保网站结构清晰、易于导航。

2. 用户操作功能

分析每个页面的用户操作行为，确定需要提供的交互功能。这些功能应与后端数据交互，确保用户操作的及时性和准确性。

二、网站建设流程与技术实现

（一）业务流程梳理

1. 功能流程图

绘制功能流程图，明确页面中各个功能模块之间的关系和流程。这有助于团队成员理解网站的整体结构和功能实现方式。

2. 业务流程图

绘制业务流程图，详细描述用户从进入网站到完成目标操作的全过程。这有助于发现潜在的用户体验问题和优化点。

（二）技术实现

1. HTML 5 和 CSS 3

利用 HTML 5 的语义元素和 CSS 3 的样式特性，使网站结构更加清晰、美观，并提升用户体验。

2. 交互设计

使用 JavaScript、AJAX 等技术实现页面的动态交互效果，提升用户操作的流畅性和趣味性。

3. 响应式设计

确保网站能够在不同设备和屏幕尺寸上良好显示，提升移动端用户的访问体验。

视频

响应式设计

（三）其他注意事项

1. 网站性能

优化网站的加载速度和响应时间，确保用户能够快速访问和使用网站。

2. 安全性

加强网站的安全防护措施，防止黑客攻击和数据泄露等安全问题。

3. SEO 优化

对网站进行搜索引擎优化，提高网站在搜索引擎中的排名和曝光度。

任务一 HTML 5网页布局构建

任务描述

1. 网站结构规划

“广东优秀传统文化”专题网站从功能上划分，有专题首页、要闻·要论、非遗文化、名俗文化、红色文化、互动交流（注册 / 登录）六个功能组成。网站功能结构如图 10.1 所示。

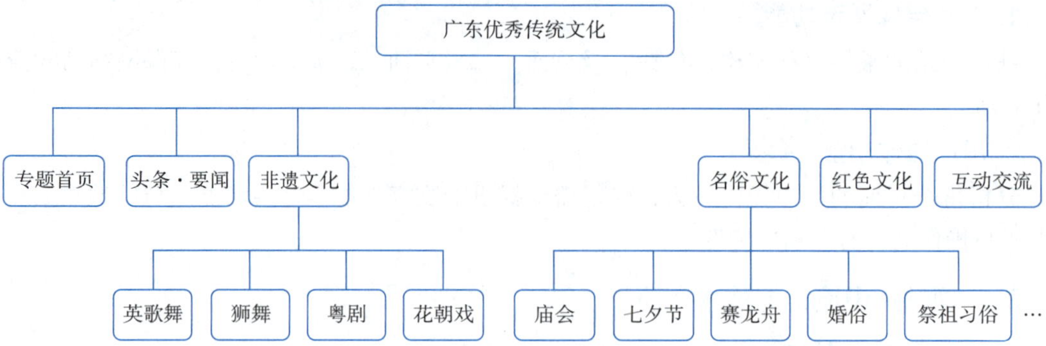

图 10.1　网站功能结构

2. 网页布局

HTML 5 引入了一系列新的语义化标签（semantic tags），这些标签不仅让网页的结构更加清晰，还增强了网页的可读性和可维护性，同时也为搜索引擎优化（SEO）提供了更好的支持。这些语义化标签使得开发者能够更准确地描述网页内容的结构和含义，而不仅仅是简单地展示文本和图片。

HTML 5 中新增的或得到增强的语义化标签如下：

<article>：表示页面中一个独立的、可复用的或可引用的内容区块，如一篇评论文章、一篇新闻报道或帖子。

<section>：表示文档中的一个区域（或节），通常用于对页面内容进行分组，每个部分都有自己的标题（<h1> ~ <h6>）。<section> 标签不是用于对内容的层级进行划分，而是用于将内容划分为逻辑上相关的区块。

<nav>：表示导航链接的集合，通常用于页面中的导航菜单或链接列表。

<header>：表示页面或页面某个区块的头部，通常包含网站的标志、网站名称、导航菜单等。

<footer>：表示页面或页面某个区块的底部，通常包含版权信息、作者信息、联系信息等。

<aside>：表示与页面内容稍微独立的一部分，通常用于侧边栏、广告、相关链接等。

<main>：表示页面的主要内容区域，一个页面通常只有一个 <main> 元素。这个元素的内容对于文档的整体目的是至关重要的。

<figure> 和 <figcaption>：元素用于表示独立的流内容（如插图、图表、照片、代码等），而 <figcaption> 元素则用于为 <figure> 元素提供标题或说明。

通过使用这些语义化标签，开发者可以创建出结构清晰、易于理解和维护的网页。同时，这些标签也有助于搜索引擎更好地理解网页内容，从而提高网站的搜索排名。此外，对于使用屏幕阅读器等辅助技术的用户来说，语义化标签也使得网页内容更加易于访问和理解，HTML 5 标签对网页布局具有重要意义，广东传统优秀文化专题网站的首页布局如图 10.2 所示。

3. 素材应用

在项目启动初期，项目团队首先召开会议，深入探讨广东优秀传统文化网站的定位与目标受众。确定网站旨在全面、系统且生动地展示广东优秀传统文化的非遗文化、民俗文化、红色文化，以及所反映的中华民族独特精神世界和价值追求，以面向广大人民群众认识世界和进行文化传播。明确素材收集的范围，进一步按照内容主题对素材进行细分，如非遗文化（如潮汕英歌舞、舞狮、粤剧、花朝戏等）、民俗文化（如庙会、七夕节、赛龙舟、大亚湾渔家婚俗、祭祖习俗等）、红色文化类（如广东的红色歌谣、革命文艺作品、宣传海报等），以及遗址遗迹类（各地红色景点的介绍、图片、地图导航信息等）。

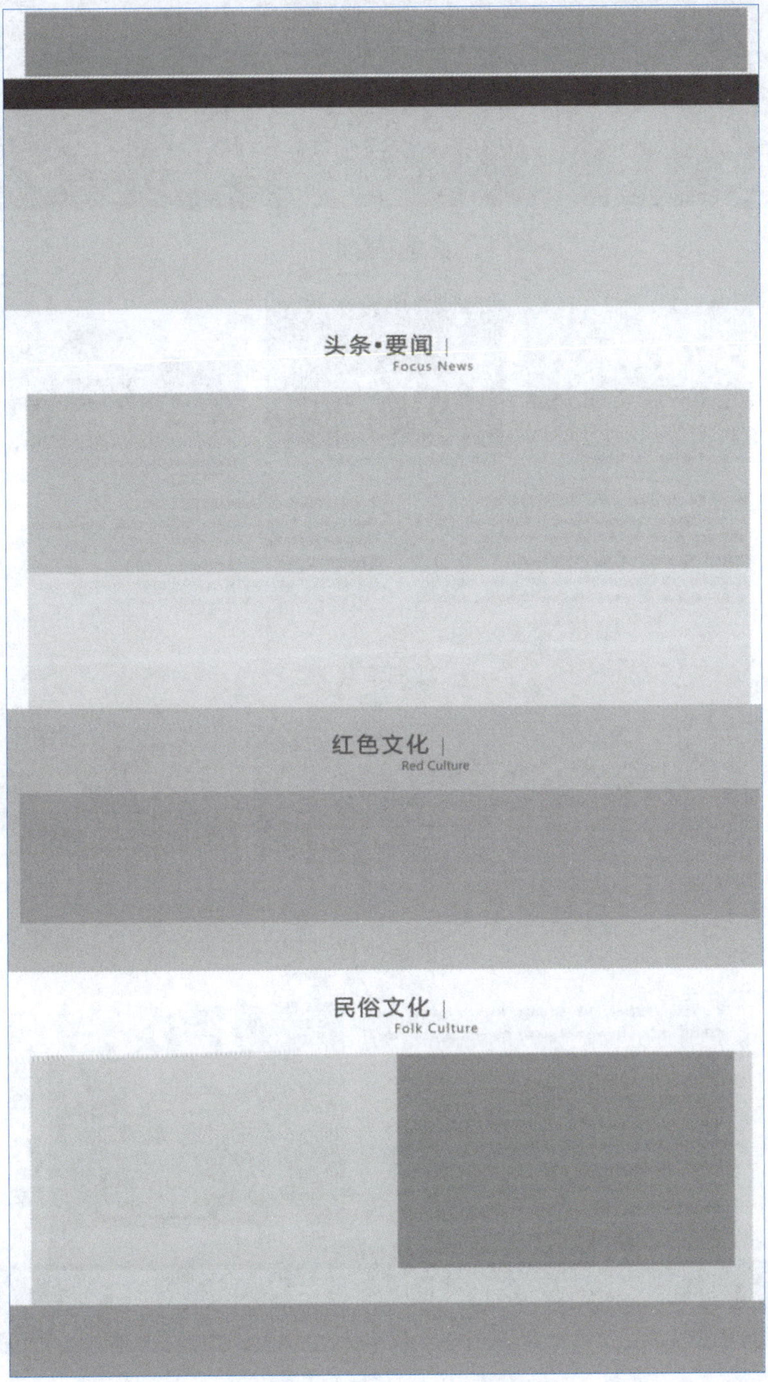

图 10.2　网站 HTML 5 布局图

任务展示

通过团队的设计与制作，首页效果如图 10.3 所示。

图 10.3 首页效果图

任务实施

1. 搭建站点

在 HBuilder 中新建一个 Web 项目，项目名为“广东优秀传统文化网站”，同时新建 css、img、js 子文件夹，并将收集处理的图片复制到 img 文件夹下，如图 10.4 所示。

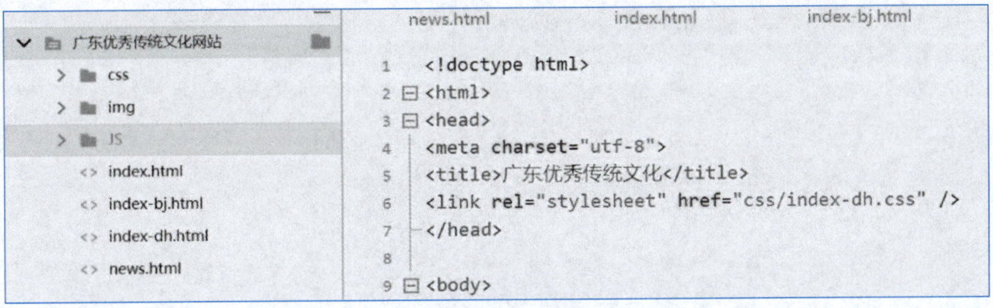

图 10.4　新建项目效果图

2. 网站元素初始化

新建 css 文件，命名为 index.css，对网站中的元素进行初始化，具体代码如下：

```
    body, div, dl, dt, dd, ul, ol, li, h1, h2, h3, h4, h5, h6, pre, form, fieldset,
input, p, th, td { margin:0px; padding:0px; }        /*将所有用到的元素标签都去掉
原有的内边距及外边距*/
    body{background:#fff;color:#333;font-size:16px; font-family:"微软雅黑",
"SimSun","Arial Narrow";}                 /*设置整个页面的公共字体样式*/
    img,a img{ border:none;}              /*去掉图片的边框*/
    ol, ul,li { list-style:none; }        /*去掉有序列表和无序列表的项目符号和编号*/
    table,td,tr,th{font-size:14px;}       /*设置表格中的文字大小*/
    a:link,a:visited{color:#333; text-decoration:none;}
    a:hover,a:active { color: #08774d; text-decoration:none; }        /*为超链
接初始化与网站配色合理的颜色，去除下划线*/
    div{overflow:hidden;}                 /*对盒子溢出的部分进行隐藏*/
    .clear{float:none;clear: both;}       /*清除浮动*/
```

3. 首页布局

打开 index.html 文件，设置网页的标题为“广东传统优秀文化”。引入 index.css 文件，根据专题首页效果图，构建页面整体布局，具体代码如下：

```
<!doctype html>
<html>
    <head>
        <meta charset="utf-8">
        <title>广东优秀传统文化——布局</title>
        <link rel="stylesheet" href="css/index-bj.css" />
```

```
    </head>
    <body>
        <header>
        </header>
        <nav>
        </nav>
        <div class="banner"></div>
        <main>
            <section>
                <h1>头条·要闻<span>|</span></h1>
                <h2>Focus News</h2>
                    <ul class="pic">
                    </ul>
                    <ul class="news">
                    </ul>
            </section>
            <section class="hyg">
                <h1>红色文化<span>|</span></h1>
                <h2 class="h">Red Culture</h2>
                <div class="hygpic">
                </div>
            </section>
            <section>
                <h1>民俗文化<span>|</span></h1>
                <h2> Folk Culture</h2>
                <div class="yingjie">
                    <ul>
                    </ul>
                    <div class="by6"></div>
                </div>
            </section>
        </main>
        <footer>
        </footer>
    </body>
</html>
```

4. 顶部区和底部区功能实现

1）细化头部和导航标签

根据专题首页 header 头部模块和导航模块的效果进行创建，如图 10.5 所示。

图 10.5　头部模块和导航模块效果图

在 index.html 文件对应的 header 标签与 nav 导航标签中完善头部模块和导航模块的结构代码。

头部模块代码如下：

```
<header>
    <div class="sousuo">
        <form action="#">
            <p><a href="#" target="_blank">登录</a>/<a href="#" target=
"_blank">注册</a></p>
            <div class="search"><input class="ssk" type="text"  placeholder=
"请输入你要搜索的内容"/>
                <input class="tj" type="image" src="img/search2.png"
align="absmiddle">
            </div>
        </form>
    </div>
</header>
```

导航模块代码如下：

```
<nav>
    <ul>
        <li><a href="#" >专题首页</a></li>
        <li><a href="#" >头条·要闻</a></li>
        <li><a href="#" >非遗文化</a>
            <ol>
                <li><a href="#" >英歌舞</a></li>
                <li><a href="#" >狮舞</a></li>
                <li><a href="#" >粤剧</a></li>
                <li><a href="#" >花朝戏</a></li>
            </ol>
        </li>
        <li><a href="#" >民俗文化</a>
            <ol>
                <li><a href="#" >庙会（凤山妈祖庙会）</a></li>
                <li><a href="#" >七夕节（七夕贡案）</a></li>
                <li><a href="#" >赛龙舟（揭阳赛龙舟）</a></li>
                <li><a href="#" >乳源瑶族服饰</a></li>
                <li><a href="#" >婚俗（大亚湾渔家婚嫁）</a></li>
                <li><a href="#" >祭祖习俗（凤阳宗祠祭典）</a></li>
                <li><a href="#" >祭祖习俗（斗门赵氏家族祭礼）</a></li>
            </ol>
        </li>
        <li><a href="#" >红色文化</a></li>
        <li><a href="#" >互动交流</a></li>
```

```
    </ul>
</nav>
```

2）控制头部和导航样式

index.css 文件中头部 CSS 样式代码如下：

```
/*header*/
header{width:100%;height: margin:5px auto;background: url(../img/top_
bg.jpg) no-repeat center; height:108px;}
header .sousuo{width:1150px; margin:0 auto;}
header form{float: right; }
header form p{margin:15px 5px; letter-spacing:3px; color:#fff;}
header .sousuo p a{color:#fff;}
input {background:none;outline:none;border:none;}
header .search{border:1px #ccc solid; border-radius:3px; background:
rgba(255,255,255,0.5); padding:0px 20px;}
header form .ssk{width:200px; height:36px;}
```

导航 CSS 样式代码如下：

```
/*一级导航*/
nav {background: #a91000; width:100%; height:50px;}
nav ul{width:1200px; margin: 0 auto;}
nav ul>li{font-size:19px; float:left; padding:10px 30px; position:
relative; }
nav ul>li a:link,nav ul>li a:visited{color: #ffffff;}
nav ul>li a:visited{color: #ffffff;}
/*二级导航*/
nav ul ol{ background:rgba(186,0,0,0.8); position:absolute; top:45px;
min-width:160px; padding:0 20px;font-size:15px; font-weight:normal; line-
height:35px;  display: none;}
nav ul li:hover ol{display: block;}
```

3）细化底部标签

代码如下：

```
<footer>
    <p class="foot_nav">
        <a href="#">专题首页</a>|
        <a href="#">头条·要闻</a>|
        <a href="#">非遗文化</a>|
        <a href="#">民俗文化</a>|
        <a href="#">互动交流</a>
    </p>
    <p>   copyright&copy;2024  广东优秀传统文化（教学案例）版权所有
粤ICP备********号<br/>
```

```
            电话：********    传真：********    技术支持：网页制作技术课程组
        </p>
    </footer>
```

4）控制底部样式

代码如下：

```
    footer{width:100%; height:120px; text-align:center; background:
#a91000; color:#fff; font-size:14px; line-height:35px; padding-top:20px;}
    .foot_nav a{color:#fff; padding:20px;}
```

5. 图文要闻模块的实现

在细化图文要闻模块前，先在内容主题main盒子中增加一个banner图片盒子，具体代码如下：

```
    <div class="banner"></div>
```

CSS样式如下：

```
    .banner{background:url(../img/banner1.jpg) no-repeat center ;height: 338px;}
```

1）图文化要闻标签及内容

代码如下：

```
    <section>
        <h1>头条·要闻<span>|</span></h1>
            <h2>Focus News</h2>
                <ul class="pic">
                    <li><img src="img/yw01.jpg"><p><a href="#">我校到连南参加“双
百行动”签约仪式……</a></p></li>
                    <li><img src="img/yw02.jpg"><p><a href="#">艺术设计学院师生
赴连南拍摄非遗纪录片</a></p></li>
                    <li><img src="img/yw03.jpg"><p><a href="#">清远市连南瑶族自
治县排瑶（又称八排瑶）</a></p></li>
                </ul>
                <ul class="news">
                    <li>我校到连南参加“双百行动”签约仪式和丰收节
                        <p>我校党委副书记张贤基带队到连南瑶族自治县参加广东省百校联百县
助力“百县千镇万村高质量发展工程”行动（简称“双百行动”）合作协议书签订仪式。</p>
                    </li>
                    <li>艺术设计学院师生赴连南拍摄非遗纪录片
                        <p>1月30日—2月2日，艺术设计学院吴偲老师带领学生组成“突击队”
赴三排镇拍摄非遗纪录片。突击队对3位非遗技艺传承人进行采访拍摄。</p>
                    </li>
                    <li>清远市连南瑶族自治县排瑶（又称八排瑶）
                        <p>瑶族耍歌堂是清远市连南瑶族自治县排瑶（又称八排瑶）世代相传
的民间民俗文化活动，是排瑶集纪念祖先、追忆历史、庆祝丰收、传播知识和群众性娱乐活动等为一体
</p>
```

```
                </li>
                <li>农历四月初八是连山壮族牛王诞
                    <p>每年的农历四月初八是连山壮族牛王诞，这是连山壮族除除夕之外
较大的节日，古称龙华会，至今已有370多年历史，是广东省非物质文化遗产代表性项目。</p>
                </li>
            </ul>
    </section>
    <section class="hyg">
        <h1>红色文化<span>|</span></h1>
        <h2 class="h">Red Culture</h2>
        <div class="hygpic">
            <a href="#"><img src="img/hs01.jpg"></a>
            <a href="#"><img src="img/hs02.jpg"></a>
            <a href="#"><img src="img/hs03.jpg"></a>
        </div>
    </section>
    <section>
        <h1>民俗文化<span>|</span></h1>
        <h2> Folk Culture</h2>
        <div class="yingjie">
            <div class="wen">
                <p>广东民俗文化多元且独特，<span>融合广府、潮汕、客家</span>等不同地域
特色。</p>
                <p><span>戏剧音乐</span>方面，粤剧以广州话演绎，唱念做打精妙；木偶戏
形式多样，咸水歌传唱于沿海船民间。民间舞蹈与武术，广东醒狮灵动威猛，是文化象征；咏春、洪拳
等武术，刚柔并济，流传广泛。传统工艺中，广绣针法细腻、色彩艳丽；潮州木雕精雕细琢，题材丰
富；广州榄雕玲珑精巧。</p>
                <p><span>饮食</span>上，早茶是社交与美食的融合，点心多样；粤菜追求鲜
美与营养；潮汕工夫茶仪式感强，韵味悠长。传统节日里，春节各地皆有喜庆习俗，如广州花街、珠海
舞狮；端午赛龙舟锣鼓喧天；中秋赏月吃饼，佛山还有舞狮添彩。此外，佛山行通济求顺遂，湛江年例
热闹非凡，充分展现广东民俗文化的魅力与活力，承载着深厚的历史记忆与情感。</p>
            </div>
        <div class="by6"><a href="#"><img src="img/mswh.jpg" width="567"></
a></div>
        </div>
    </section>
```

2）控制图文要闻样式

代码如下：

```
    /*main*/
    section h1{ text-align:center; color:#db0000; font-size:36px; font-
weight:500; padding-top:38px; letter-spacing:5px;}
    section h1>span{ color:#838383; font-size:28px; font-weight: lighter;
padding-left:15px; height:36px; line-height:36px}
```

```
    section h2{ text-align:center; color:#838383; font-size:20px; font-weight:350; padding-left:150px; letter-spacing:2px; margin-bottom:30px;}
    section h2.h{ padding-left:150px; letter-spacing:0px;}
    section.hyg{ background:url(../img/bnhh_bg.jpg) #fff7f3 no-repeat center; height:442px;}

    /*头条要闻*/
    ul.pic{width:1200px; margin:0 auto; height:300px;}
    ul.pic img{width:365px; height:235px;}
    ul.pic li{float:left; padding:3px; border:1px solid #ccc; margin:0px 13px;}
    ul.pic li p a{ padding:5px; text-align:center; line-height:30px;}
    ul.news{width:1200px; height:230px; margin:0 auto;}
    ul.news li{width:538px; padding-left:36px; font-size:20px; color:#a60101; line-height:45px; float:left;}
    ul.news li p{font-size:14px; color:#333; line-height:26px;}

    /*红色文化*/
    .hygpic{width:1200px; margin:30px auto; padding-left:30px;}
    .hygpic img{width:373px; height:224px;}
    .hygpic a{margin:0 8px;}

    /*民俗文化*/
    .yingjie{width:1200px; padding:0px 30px 50px 30px; margin:auto; box-sizing:border-box;}
    .yingjie .wen{width:620px;  float:left;}
    section .wen span{ color:#333; font-size:18px; font-weight: bold; }
    .yingjie p{width:570px; line-height:35px; font-size:16px; text-indent: 2em;}
    .yingjie ul{width:580px; float:left;}
    .yingjie ul li:nth-child(-n+4) a{line-height:42px; padding-left:10px;}
    .yingjie ul li:last-child img{margin-top:12px;}
    .yingjie ul li:last-child a:first-child{margin-right:30px;}
    .yingjie .by6{}
```

任务二 二级和三级页面制作

任务描述

网站首页通常指的是网站结构中的一级页面，而从属于一级页面的页面则是二级页面，同理三级页面则从属于二级页面。

二级页面和三级也由网页头部、导航、主体内容和网页底部构成，不同的是二级页面的主体内容通常是以列表的形式呈现，而三级页面的主体内容则是以内容文本的形式呈现。

任务展示

具体呈现效果如图 10.6 和图 10.7 所示。

图 10.6　二级列表页面效果图

图 10.7　三级内容页面效果图

任务实施

1. 要闻要论列表页面制作

细化要闻要论列表页面标签，将 index.html 文件另存为 news.html，并将 <main> 标签中的内容删除。根据效果图呈现效果，重新构建 main 主体列表框架。具体代码如下：

```
<main>
    <section>
        <h1>头条·要闻<span>|</span></h1>
            <h2>Focus News</h2>
                <ul class="news">
                    <li>共庆丰收，财贸双百落实处—我校到连南参加“双百行动”签约仪式和丰收节
                        <p>我校党委副书记带队到连南瑶族自治县参加广东省百校联百县助力“百县千镇万村高质量发展工程”行动（简称“双百行动”）合作协议书签订仪式和“双百行动”第一批合作项目启动仪式...</p>
                    </li>
                    <li>艺术设计学院师生赴连南拍摄非遗纪录片
                        <p>1月30日—2月2日，艺术设计学院老师带领学生组成“突击队”赴三排镇拍摄非遗纪录片。突击队对3位非遗技艺传承人进行采访拍摄。</p>
                    </li>
                    <li>清远市连南瑶族自治县排瑶（又称八排瑶）
                        <p>瑶族耍歌堂是清远市连南瑶族自治县排瑶（又称八排瑶）世代相传的民间民俗文化活动，是排瑶集纪念祖先、追忆历史、庆祝丰收、传播知识和群众性娱乐活动等为一体</p>
                    </li>
                    <li>农历四月初八是连山壮族牛王诞
                        <p>每年的农历四月初八是连山壮族牛王诞，这是连山壮族除除夕之外较大的节日，古称龙华会，至今已有370多年历史，是广东省非物质文化遗产代表性项目。</p>
                    </li>
                </ul>
    </section>
</main>
```

2. 控制要闻要论列表页面 CSS 样式

将 index.css 文件另存为 news.css，并将 /*main*/ 主体后面 /*footer */ 前面的 CSS 样式删除（注意：/*footer*/ 及后面的 CSS 样式需要保留）。根据效果图呈现效果，重新构建 main 主体列表的 CSS 样式。具体代码如下：

```
/*栏目名*/
section h1{ text-align:center; color:#db0000; font-size:36px; font-weight:500; padding-top:38px; letter-spacing:5px;}
section span{ color:#838383; font-size:28px; font-weight: lighter; padding-left:15px; height:36px; line-height:36px}
section h2{ text-align:center; color:#838383; font-size:20px; font-weight:350; padding-left:150px; letter-spacing:2px; margin-bottom:30px;}
```

```
section h2.h{ padding-left:150px; letter-spacing:0px;}

/*新闻列表*/
ul.news{width:1200px;  margin:0 auto 50px auto;}
ul.news li{ padding-left:36px; font-size:20px; color:#a60101; line-height:45px;}
ul.news li p{font-size:14px; color:#333; line-height:26px;}

/*footer*/
footer{width:100%; height:120px; text-align:center; background: #a91000; color:#fff; font-size:14px; line-height:35px; padding-top:20px;}
.foot_nav a{color:#fff; padding:20px;}
/*新闻列表*/
ul.news{width:1200px;  margin:0 auto 50px auto;}
ul.news li{ padding-left:36px; font-size:20px; color:#a60101; line-height:45px;}
ul.news li p{font-size:14px; color:#333; line-height:26px;}
```

3. 三级内容页面制作

1）细化三级内容页面标签

将 news.html 文件另存为 newsinfo.html，并将 <main> 标签中的内容删除。根据效果图呈现效果，重新构建 main 主体内容框架。具体代码如下：

```
<main>
    <section>
        <h3>共庆丰收，财贸双百落实处—我校到连南参加“双百行动”签约仪式和丰收节</h3>
        <p class="xx">发布时间：2023-09-25    来源：广东财贸职业学院</p>
        <hr>
          <p >9月23日，我校党委副书记带队到连南瑶族自治县参加广东省百校联百县助力“百县千镇万村高质量发展工程”行动（简称“双百行动”）合作协议书签订仪式和“双百行动”第一批合作项目启动仪式，并参加2023年“中国农民丰收节”暨连南瑶排梯田稻田鱼文化系列活动。</p>
        <p class="fbt"><img src="img/yw01.jpg"/></p>
        <p>我校作为连南“双百行动”第一批合作项目点，在开幕式上，连南瑶族自治县委常委、组织部部长与我校党委副书记签订“双百行动”合作协议书，进一步指明了合作方向，细化了产业发展、人才培养、基层改革等合作事项，强化了合作交流机制，为我校与连南合作的“双百行动”高质量开展打下坚实基础。
        </p>
         <p>田间徒手抓稻田鱼、收割稻谷大赛……当日上午，我校党委副书记、工会副主席、党政办副主任、学生工作处副处长与学校50多名师生共同参加2023年“中国农民丰收节”暨清远连南瑶排梯田稻田鱼文化系列活动，亲身体验瑶族民俗特色和农耕文化，与当地村民齐齐上阵，上演抓鱼大战，卖力收割田间稻谷，现场热闹非凡，每个人的脸上都洋溢着丰收的喜悦。烈日当空，党委副书记收割稻谷忙得大汗淋漓，他说道：“正所谓‘汗滴禾下土’，相信同学们在参加这次劳动实践教育后，更能切实体会到农民的艰辛，感受到每一粒米的来之不易，希望同学们要学会珍惜粮食，并积极投身到乡村振兴，为农业发展做贡献”。</p>
```

```
        <p>此外，我校师生还参观了中国瑶族博物馆、连南千年瑶寨“云上田园”、坑口茶园、
瑶山特农发展有限公司、金坑人才驿站等，对我校与连南开展“双百行动”的合作事项进行调研。我校
将通过“党建+领种计划”、连南特色农产品展销采购和直播带货、镇村财政财务管理、打造文旅产业
IP等多方面合作事项，助推结对县发展计划，扎实推进“双百行动”。</p>
      </section>
    </main>
```

2）控制三级内容页面 CSS 样式

将 news.css 文件另存为 newsinfo.css，并将 /*main*/ 主体后面 /*footer */ 前面的 CSS 样式删除（注意：/*footer*/ 及后面的 CSS 样式需要保留）。根据效果图呈现效果，重新构建 main 主体内容的 CSS 样式。具体代码如下：

```
    /*新闻内容*/
    section {width:1200px; margin:0 auto;}
    section  h3{  text-align:center;  color:#C30;  font-size:30px;  font-
weight:350; padding:30px;}         /*包含选择器*/
    section p {line-height:30px; text-indent:2em;padding-bottom:20px;}
    section p.xx{ text-align:center; color:#999; text-indent:0em;}      /*指定
选择器*/
    section p.fbt{text-align:center; line-height:35px; font-size:18px; color:#C30;}

    /*新闻列表*/
    ul.news{width:1200px;  margin:0 auto 50px auto;}
    ul.news  li{  padding-left:36px;  font-size:20px;  color:#a60101;  line-
height:45px;}
    ul.news li p{font-size:14px; color:#333; line-height:26px;}
```

技巧与提高

轮播图的制作过程：网站首页的 banner 轮播图通常占据页面比较显眼的位置，并且其动态切换效果很容易成为视觉焦点。就像在商场中，大型的、动态的广告展示牌更容易吸引逛街人群的目光一样。例如，一个电商网站的首页 banner 轮播图通过精美的图片、闪烁的促销信息（如“限时折扣”“新品上线”）等，吸引用户停下浏览的脚步，把注意力集中到网站所展示的关键内容上。

在首页 index.html 的基础上增加一个动态的轮播图，增加用户在网站首页的停留时间。对 <div class="banner"></div> 代码的 CSS 样式进行进一步完善：

```
    @keyframes lunbo{
        0% { background:url(../img/banner1.jpg) }
        45% { background:url(../img/banner1-2.jpg);}
        90%{ background:url(../img/banner1-3.jpg);}
        100% { background:url(../img/banner1.jpg) }
    }
    .banner{width:1280px; height:338px; margin:0 auto; background:url(../
img/banner1.jpg) no-repeat; animation:lunbo 16s infinite;}
```

项目评价

班级：　　　　小组：　　　　姓名：　　　　学号：　　　　综合评分：

序　号	任务内容	实施结果自评	小组互评
1	网站需求分析说明书		
2	网站结构规划		
3	首页页面布局		
4	首页页面详细制作		
5	二级页面制作		
6	三级页面制作		

参 考 文 献

[1] 黑马程序员. HTML5+CSS3网站设计基础教程[M]. 北京：人民邮电出版社，2020.

[2] 罗布森，弗里曼. Head First HTML与CSS（第2版）[M]. 徐阳，丁小峰，译. 北京：中国电力出版社有限公司，2023.

[3] 张晓景，苏旬云. HTML+CSS+Javascript网站制作案例教程[M]. 北京：人民邮电出版社，2016.

[4] 传智播客高教产品研发部. HTML+CSS+JavaScript 网页制作案例教程[M]. 北京：人民邮电出版社，2015.

[5] 曹衍龙，汪杰. HTML5+CSS3+JavaScript 技术大全[M]. 北京：人民邮电出版社，2018.

[6] 马翠翠. 从零开始学HTML+CSS[M]. 北京：电子工业出版社，2012.

[7] 莫振杰. Web 前端开发精品课：HTML与CSS基础教程[M]. 北京：人民邮电出版社，2016.

[8] 黑马程序员. 网页设计与制作（HTML+CSS）[M]. 2版. 北京：中国铁道出版社有限公司，2022.